CONGRÈS

VITICULTURE

DE LYON

Les 12, 13 et 14 septembre 1880

CONFÉRENCES

RÉSUMÉ — VŒUX

CONCLUSION

LYON

IMPRIMERIE A. WALTENER ET Cie

14, rue Bellecordière, 14

1881

EXPOSITIONS VITICOLE ET HORTICOLE

CONGRÈS
DE
VITICULTURE
DE LYON

Les 12, 13 et 14 septembre 1880

CONFÉRENCES

RÉSUMÉ — VŒUX

CONCLUSION

LYON
IMPRIMERIE A. WALTENER ET Cie
14, rue Bellecordière, 14

1881

On nous a demandé de tous côtés le compte-rendu du Congrès viticole tenu à Lyon les 12, 13 et 14 septembre dernier.

Voulant donner satisfaction à ce désir, la Société régionale de Viticulture de Lyon a chargé une commission de rédaction, choisie dans son sein, de recueillir tous les discours qui ont été prononcés ; tous ont été revus par leur auteur lui-même, et c'est ce travail que nous présentons aujourdhui à tous ceux qui s'intéressent à la malheureuse situation de nos vignobles.

E. BENDER

Président de la Société régionale de Viticulture de Lyon
Membre du Comité de vigilance du département du Rhône

Décembre 1880.

EXPOSITIONS VITICOLE ET HORTICOLE

CONGRÈS DE VITICULTURE

DE LYON

Gravement préoccupée des désastres inouïs causés dans les vignobles de sa région, soit par les gelées rigoureuses de l'hiver dernier, soit par les ravages toujours croissants du phylloxera, la Société de Viticulture de Lyon faisait appel il y a quelques mois aux viticulteurs de tous les pays, et les conviait dans cette ville à un congrès international les 12, 13 et 14 septembre.

Cet appel a été entendu non-seulement de nos collègues de France, mais encore des viticulteurs étrangers. Plus de vingt délégués de la Suisse, de l'Italie, de l'Autriche, de l'Espagne, du Portugal, de l'Amérique et de l'Algérie, assistaient au Congrès de Lyon (1). Trente sociétés départementales y étaient représentées par plus de quatre-vingts membres (2).

Afin de présenter aux visiteurs, qui répondaient avec em-

---

(1) **Italie.** — MM. le Chevalier Joseph de Rovasenda, de Turin, membre de la commission supérieure et royale d'ampélographie. — Cavazza, Domizio, élève à l'Ecole d'Agriculture de Montpellier. — Le Chevalier Cerletti, directeur de l'Ecole de Viticulture de Conegliano. — Carlucci, Michele, directeur de l'Ecole d'Agriculture d'Avellino. — Le Chevalier Iemina, Auguste, professeur d'Agriculture à Alexandrie. — Le Chevalier Pierre Seletti, ingénieur à Novare.

Suisse. — *Délégués de la Société d'Agriculture de Genève*: MM. L. Micheli, président; le docteur V. Fatio, Covelle et Roulet. — *Délégués de la Confrérie des Vignerons de Vevey*: MM. Baron, président, de Vevey; Bonjour, de Vevey, inspecteur des vignobles; Kolby, Henri, de Vevey; Doge, Jules, conseiller municipal à Vevey.

Autriche. — MM. Jean-Napoléon de Prato, viticulteur œnologue, délégué Austro-hongrois. — Le professeur docteur Léonard Roesler, chef de la station viticole de Kleusterneubourg. — Cavaliere Alberto Lévi, Dr représentant de la Société d'Agriculture de Gorizia. — Giovani Bolle, directeur de l'Institut agricole de Gorizia.

Espagne. — L'Espagne était représentée par M. Lichtenstein, son délégué.

Portugal. — M. Luis Girao, ingénieur, de Lisbonne.

Algérie. — M. Bertrand, propriétaire à Boukandouza, commune de Larba, département d'Alger.

Amérique. — M. Meissner, de Saint-Louis (Missouri).

(2) Nombreuse délégation de la *Société d'Agriculture* de l'Hérault, de Béziers, de Cette.

Délégués de la *Société d'Agriculture* du Gard.

Délégué de la *Société d'Agriculture* de Vaucluse: M. Pichard.

Délégué de la *Société d'Agriculture* des Bouches-du-Rhône: M. Reich.

Délégué de la *Société d'Agriculture* du Var: M. Pellicot.

Délégués de la *Société d'Agriculture* de la Drôme: MM. Ronin et Champin.

Comice de Vienne et *Société d'Agriculture* de Grenoble, de l'Isère.

Délégation nombreuse de Saône-et-Loire: Comice de la Chapelle-de-Guinchay.

Académie de Mâcon: *Société d'Agriculture* de Chalon-sur-Saône.

Délégation de l'Ain: *Société d'Horticulture* de Bourg.

Délégation de la *Société centrale d'Agriculture* de la Savoie.

Délégués de la Haute-Savoie.

Délégués de la Loire: *Société d'Agriculture* de Montbrison.

Délégué de la *Société d'Agriculture* de Bordeaux: M. Laliman.

Délégué du Lot-et-Garonne: M. P. de Laffitte.

Délégué des Charentes: Lajeunie.

Délégué de l'Aube: Ernest Baltet.

Délégué de Seine-et-Marne: Salomon.

Délégué des Pyrénées-Orientales: Oliver.

Délégués du Jura: le Dr Coste et Ch. Rouget.

Tous les journaux de Lyon. — *Le Journal d'Agriculture pratique.* — *Le Journal de Saône-et-Loire.* — *Le Progrès de Chalon-sur-Saône.*

pressement à son appel, tout l'intérêt et toute l'utilité qu'ils étaient en droit d'attendre d'un Congrès international, nous avions organisé une grande exposition viticole. La Société d'Horticulture pratique du Rhône avait bien voulu s'associer à nous, et rendre cette exposition plus attrayante en faisant figurer ses magnifiques produits à côté des nôtres.

Sur le cours du Midi, à l'arrivée de la gare de Perrache, et du 1er au 20 septembre, la ville de Lyon avait mis gracieusement à la disposition des deux Sociétés réunies un vaste parallélogramme de plus de quatorze mille mètres carrés.

L'ouverture de cette exposition étant fixée au 9 septembre, il a fallu que cet emplacement, couvert encore dans la soirée du 31 août, de voitures et de baraquements, fut transformé en huit jours en un immense jardin de forme française. Sous l'habile impulsion de nos architectes paysagistes lyonnais bien connus, MM. Luizet père et fils, les corbeilles, les massifs de fleurs, les pelouses, les bassins aux eaux jaillissantes, les kiosques, les rocailles ont surgi comme par enchantement au milieu des beaux ombrages du cours du Midi. Les galeries qui occupaient dans toute sa longueur la partie sud de l'Exposition étaient, à l'heure voulue, prêtes à recevoir d'innombrables collections de fruits. Au couchant, des tentes vastes et élégantes abritaient les plantes frileuses des tropiques, les fleurs coupées, les bouquets, etc. Sur le côté nord se trouvaient les outils et les machines horticoles qui prenaient place à côté des ustensiles du vigneron et des instruments perfectionnés de vinification.

Au centre et à l'entrée de l'Exposition, les collections de vignes greffées ou franches de pieds, arrachées ou en pots, occupaient plusieurs massifs; les vins, les collections de raisins, les machines à greffer se trouvaient à l'angle du sud-est.

Le 9 septembre, M. Oustry, préfet du Rhône, et Mme Oustry faisaient aux deux Sociétés de viticulture et d'horticulture, l'honneur d'ouvrir leur Exposition. (M. le Gouverneur militaire de Lyon, retenu par les grandes manœuvres, s'était fait excuser.) A leur entrée, ils sont reçus par M. Bender, président de la Société de viticulture, par M. Senélar, président de la

Société d'horticulture, accompagnés des membres des bureaux de ces deux Sociétés. *M. Bender* adresse à M. le Préfet les paroles suivantes :

« Monsieur le Préfet, Madame,

« La position qu'occupe l'Exposition de la Société régionale de viticulture, à l'entrée de l'enceinte que vous nous faites l'honneur de venir visiter, crée au président de cette Société une situation bien enviable ; c'est à lui de vous souhaiter le premier la bienvenue et de vous remercier de votre gracieuse présence.

« Vous êtes ici, Monsieur le préfet, le représentant du gouvernement dont les viticulteurs et les horticulteurs, bien qu'ils ne s'occupent guère de politique, sont les fermes soutiens. Veuillez transmettre nos vœux à M. le président de la République et lui dire ce que les agriculteurs, à tous les degrés, espèrent d'un gouvernement de paix et de fonctionnaires si facilement accessibles à tous les travailleurs.

« Veuillez venir présider nos conférences, qui s'ouvriront dimanche, et qui sont, pour nous, vignerons, le point principal de notre programme. En entendant les orateurs accourus de tous les pays du monde, vous verrez combien la vigne, cette source jadis si riche du budget, a besoin que tous les grands corps de l'Etat viennent à son secours par tous les moyens possibles.

« Je vous demande pardon, madame, de vous faire traverser, en commençant, l'exposition de nos cépages ; si elle est plus utile, elle est moins attrayante que celle des fleurs, vos sœurs, a dit un grand poète. Je ne puis que vous remercier de vouloir bien donner un coup-d'œil à nos produits, et je vous remets de grand cœur aux soins de mon collègue, le président de la Société d'horticulture pratique du Rhône. »

M. le Préfet répond à cette allocution : « Il dit que l'administration républicaine ne pouvait qu'encourager l'initiative privée dans ses efforts généreux, puis il remercie M. le Président de ses souhaits de bienvenue en son nom et au nom de

Mgr Oustry. Il se chargera de grand cœur de transmettre les vœux des agriculteurs et des viticulteurs, en particulier, à M. le Président de la République, car il sait combien les souffrances sont grandes, et il ne doute pas des bons sentiments qui animent les deux Sociétés.

« M. le Préfet ajoute que malheureusement il ne pourra venir présider lui-même le Congrès, mais qu'il déléguera, au moins à l'ouverture, un de MM. les Secrétaires généraux, et il félicite vivement la Société de viticulture de ses louables efforts. »

Le 11, le Jury de l'Exposition viticole, sous la présidence de M. de Mortillet, attribuait aux divers lots les quarante médailles qui avaient été mises à sa disposition.

Dès le 10, les visiteurs sont déjà nombreux sur le cours du Midi. Le 11, l'affluence est encore plus grande. Après un coup-d'œil général jeté sur l'ensemble de cet immense jardin, dont les massifs, les pièces d'eau de formes régulières et symétriques, les statues, les vases rappelant le genre français illustré par Le Notre, la foule se divise, chacun se porte vers la partie de l'Exposition qui l'intéresse le plus. Les dames, les amateurs d'horticulture se dirigent vers les fleurs et les fruits. Les viticulteurs s'arrêtent de préférence au milieu des vignes : c'est là que se donnent rendez-vous les membres du Congrès. Ils admirent tout d'abord la superbe exposition de l'Ecole d'Agriculture de Montpellier hors concours (1); les collections si complètes de raisins américains très exactement étiquetées, de greffes, de marcottes, etc., etc., de M. Champin, le spirituel auteur du *Traité de la greffe de la vigne,* puis ils passent en revue la nombreuse collection de vignes indigènes, chargées de raisins et greffées sur cépages américains en pots, de M. Verchère, jardinier à Villié-Morgon; les superbes souches

(1) Nous profitons de cette occasion pour remercier bien vivement M. C. Saint-Pierre, directeur de l'Ecole de Montpellier, et M. le professeur Foëx, de l'exposition si belle qu'ils ont bien voulu nous adresser, et qui représentait si complètement tout ce qui a été fait jusqu'à ce jour pour la reconstitution des vignobles par les cépages résistants.

d'Aramon greffées sur Clinton, exposées par M. Barral, de Montpellier, par M. Bouchet de Bernard, et celles non moins belles adressées à la Commission par M. Pagezy, hors concours, qui avait bien voulu les arracher dans son grand vignoble reconstitué du Vivier, où l'on compte des souches semblables par milliers. Toutes ces expositions qui présentaient des quantités d'échantillons de greffes de vignes indigènes sur racines américaines, et dont quelques-unes remontent à cinq et six ans, donnaient une idée de ce qu'il est possible de faire pour mettre les nouveaux vignobles à l'abri du phylloxera.

Dans le beau lot de vignes d'Amérique vivantes et si vigoureuses de M. Simon, dans celui de M. Gaillard, qui présentait une fort belle collection de vignes résistantes, bien choisies et d'une grande vigueur, chaque visiteur pouvait faire un choix des variétés qui lui paraissaient les meilleures.

A côté des vignes d'Amérique greffées ou non greffées, la vigne d'Europe était largement représentée par de nombreux ceps de Gamay améliorés, chargés de raisins, et quelques chasselas superbes soigneusement disposés par M. Silvestre ; par une collection de plus de cent variétés de raisins de cuve et de table, apportée par M. Verchère, de Villié-Morgon. M. Tochon, Président de la Société d'agriculture de la Savoie, exposait toutes les variétés de raisins qui se cultivent dans son département. M. C. Rouget, le savant ampélographe jurassien, nous apportait, de son côté, ceux qui peuplent les vignobles du Jura et du Doubs. Ces collections, malgré leurs richesses, pâlissent devant les superbes et appétissants raisins de M. Salomon. Cet éminent viticulteur de Thomery a le secret de faire pousser des grappes si belles, qu'on serait tenté de les croire artificielles si on ne les avait pas goûtées.

Tout à côté de cette grande exposition de cépages et de raisins, le viticulteur s'arrête devant un assez grand nombre de souches de vignes, qui présentaient entre elles des contrastes frappants : les unes sont mortes ou à peu près mortes, d'autres présentent des pousses de cinquante à soixante centimètres; d'autres même s'élèvent à 3 mètres de hauteur. Ce lot appartient au vigneron chef du champ d'expériences départemental, où les traitements au sulfure de carbone sont dirigés par M. le docteur Crolas, Vice-Président de la Commission de Vigilance du Rhône. Les premières de ces souches sont l'image des vignes phylloxérées abandonnées à elles-mêmes sans traitement; les secondes, de celles qui, à leur deuxième année d'invasion, ont été ramenées à la végétation par l'emploi du sulfure, et enfin les troisièmes, des vignes qui, peu ou point phylloxérées lors des premiers traitements, ont été maintenues en bonne vigueur au moyen du traitement recommandé par la Compagnie P.-L.-M. Des plans, des notes explicatives, donnaient les détails les plus complets sur les traitements faits au champ d'expérience de Saint-Germain-au-Mont-d'Or, que les membres du Congrès ont visité.

Pour compléter l'Exposition horticole, M. Laliman avait bien voulu nous apporter une collection très intéressante de raisins, de greffes, de dessins, de vins et eau-de-vie de raisins américains, dont quelques-uns, le Delaware entre autres, ont été trouvés très bons par les dégustateurs les plus difficiles.

Toutes les personnes qui ont assisté au Congrès de Lyon ont pu ainsi, en quelques heures, passer en revue tout ce qui a été fait utilement depuis l'invasion du phylloxera, soit pour combattre ses ravages, soit pour reconstituer les vignobles détruits.

Le dimanche 12, M. Vel-Durand, Secrétaire général de la Préfecture du Rhône, préside la distribution des récompenses aux lauréats des deux Expositions. Il est assisté de MM. les Présidents des Sociétés de Viticulture et d'Horticulture.

En prenant place au fauteuil, *M. le Secrétaire général* dit « qu'il est heureux de prendre part à cette fête du travail; il félicite les lauréats qui vont obtenir des récompenses bien méritées, et fait à ce sujet un brillant éloge des expositions qu'il vient de visiter.

« S'adressant spécialement aux viticulteurs, il les encourage à continuer leurs efforts pour lutter contre le terrible ennemi de la richesse nationale; puis il termine en disant combien il regrette qu'un surcroît d'occupation ne lui permette pas d'assister à toutes les séances du Congrès. »

M. Lagardette, membre de la Société de Viticulture, donne lecture de son rapport sur un concours de greffe de vignes françaises sur plants résistants, concours qui a eu lieu à Odenas (Rhône), au printemps 1880.

M. Lagardette s'exprime en ces termes :

« Messieurs,

« Chargé de vous faire un rapport sur le concours de greffage qui a eu lieu à Odenas, le 11 avril dernier, j'espérais que quelqu'un de plus autorisé et surtout de plus compétent que moi aurait été appelé à démontrer les précieux avantages résultant des intéressantes conférences qui ont eu lieu ce jour-là, et du concours de greffage qui a suivi.

« Cependant, Messieurs, vous en avez décidé autrement, et, confiant sur l'accueil sympathique que vous m'avez témoigné à mon entrée dans la Société de Viticulture, j'ose compter sur votre indulgence pour le faible exposé qui va suivre.

« Je commence par déclarer que le succès obtenu par les concurrents a été loin de répondre à nos espérances, et je dois indiquer immédiatement quelles circonstances atténuantes peuvent être invoquées en faveur de nos greffeurs.

« Votre serviteur avait été prévenu fort tard de l'idée arrêtée par la Société de Viticulture de faire procéder à un concours de greffage à Odenas. Il dut à la hâte, par bêchage très élémentaire, faire préparer un petit champ d'expérimentation.

« L'ardeur et l'application qu'apportèrent les concurrents à soigner leur travail, comme greffage et comme plantation, donnèrent cependant l'espoir d'un bon résultat.

« Ce ne fut que plus tard qu'on s'aperçut que les boutures de Riparia, sur lesquelles une partie des greffes avaient été pratiquées, n'étaient pas toutes parfaitement saines ; de plus, les greffons de Gamay, pris dans les cultures de Pierreux, avaient craint la précocité et la rigueur de l'hiver, et contribuèrent aussi à l'insuccès du greffage.

« Trois plants différents de vignes américaines avaient été distribués comme porte-greffes : des Solonis, des Taylor racineux et des Riparia-boutures.

« Les greffes réussies ont été constatées, en général, sur les deux plants racineux dont la végétation s'est activée de suite.

« Les greffes pratiquées sur boutures de Riparia auraient dû être placées en stratification dans le sable pendant quelques jours; mais comme il s'agissait d'un concours de greffage, on négligea forcément ce soin, et tous les sujets furent immédiate-plantés à demeure.

« Le greffage eut lieu dans la cour de la mairie d'Odenas, avec l'aide des machines Petit, Berdaguer et même au simple moyen de la serpette. Les concurrents vinrent ensuite eux-mêmes planter les sujets greffés dans la pièce de terre mise à leur disposition, et située à trois cents mètres de la mairie.

« 156 pieds furent plantés par huit greffeurs, sur huit lignes différentes.

« Voici, Messieurs, par ordre de mérite, les noms des concurrents et l'indication des résultats obtenus:

« 1er M. Berdaguer, de Lyon, a réussi 9 greffes sur 20 sujets plantés; 3 se sont affranchis et 8 n'ont donné aucune marque de végétation;

« 2e M. Poncet, de Fleurie, a obtenu 10 greffes sur 26; 4 sujets se sont affranchis et 12 sont restés sans végétation;

« 3e M. Verchère, de Villié, a obtenu 9 réussites sur 25; 3 se sont affranchies et 13 n'ont pas poussé;

« 4e M. Aumiot, de la Chassagne, a 7 greffes réussies sur 26 sujets; 4 se sont affranchies, et 15 n'ont point eu de végétation;

« 5e M. Desvignes de Chiroubles, 4 réussites sur 17; 4 sujets se sont affranchis, le reste n'a pas poussé;

« 6e M. Julliard, de Chiroubles, a obtenu 3 greffes sur 15; 6 se sont affranchies et 6 n'ont pas poussé;

« 7e M. Monchanin, de St-Lager, a également obtenu 3 greffes sur 15; 2 se sont affranchies;

« 8e Enfin, sur la ligne n° 8, contenant 12 sujets, 1 seule greffe a réussi, 5 se sont affranchies.

« En somme, sur 156 sujets plantés, 46 greffes seulement se sont soudées et paraissent en bon état. Quant au reste, une partie s'est affranchie et l'autre est restée sans végétation.

« Ce résultat est assez maigre, mais il n'y a pas lieu d'en être trop étonné lorsqu'on se rend compte des mauvaises conditions dans lesquelles fut pratiquée cette petite plantation.

« En effet, Messieurs, je le répète, les boutures Riparia laissaient à désirer. Votre serviteur en a fait planter 500 en pépinière à Pierreux, et un quart seulement a poussé.

« Quant aux Gamays ayant servi de greffons, la meilleure preuve que je puisse donner de leur état maladif, c'est que, sur 80 boutures que je fis planter le lendemain du concours de greffage, afin de compléter le petit champ d'expérience, 24 seulement ont conservé de maigres bourgeons.

« Toutes ces causes d'insuccès exposées, il n'y a donc pas trop à s'alarmer du mince résultat obtenu. Au contraire, Messieurs, si nous examinons les essais tentés autour de nous par les premiers expérimentateurs de greffage, notamment chez M. Bender, notre honorable président; chez M. Sarrazin, à Pizay; chez M. Grobon, à Belleville, et surtout si nous considérons la luxuriante végétation des pépinières de vignes américaines, plantées en Beaujolais, notre confiance se fortifie de plus en plus dans la culture de ces cépages, et les résultats acquis nous indiquent qu'il faut marcher en avant. »

A la suite de ce rapport, *M. Jaricot*, président du Comité d'organisation, proclame les noms des lauréats :

En voici la liste :

PREMIÈRE CATÉGORIE

COLLECTION DE VIGNES VIVANTES GREFFÉES OU NON GREFFÉES SUR CÉPAGES RÉSISTANTS ET EN POTS

1er Grand Prix. — Médaille d'Or offerte par M. le Ministre de l'Agriculture et du Commerce.

M. CHAMPIN, au château de Salettes, près Montélimar (Drôme), pour sa belle et nombreuse collection de vignes coupées et ses modèles de diverses méthodes de greffage et de marcottage.

2ᵉ Grand Prix. — Médaille d'Or offerte par la Société des Agriculteurs de France.

M. VERCHÈRE, à Villié-Morgon (Rhône), pour son lot de vignes greffées par approche, marcottes et boutures greffées.

1ᵉʳ Prix. — Médaille de Vermeil.

M. LALIMAN, à Bordeaux (Gironde), pour ses collections expérimentales de vignes américaines, de semis et greffes diverses.

2ᵉ Prix. — Médaille de Vermeil.

M. Ferdinand GAILLARD, à Brignais (Rhône), pour sa belle collection de vignes américaines à production directe.

3ᵉ Prix. — Médaille d'Argent offerte par le Ministère de l'Agriculture et du Commerce.

M. SIMON, à Ecully-les-Lyon (Rhône), pour ses marcottes, boutures, greffes de vignes américaines et sa collection de vignes en paniers.

4ᵉ Prix. — Médaille d'Argent.

M. HYLAS, de Tarare (Rhône), pour ses greffes de vignes françaises sur américaines et boutures.

5ᵉ Prix. — Médaille d'Argent.

M. BARRAL, à Montpellier (Hérault), pour ses vignes françaises greffées sur Clinton.

6ᵉ Prix. — Médaille d'Argent.

M. HORTOLÈS, à Montpellier (Hérault), pour sa collection de vignes américaines.

7ᵉ Prix. — Médaille d'Argent.

M. JEAN-MARIE***, jardinier de M. de St-Trivier à Vaux-Renard (Rhône), pour son lot de vignes européennes greffées par approche sur vignes américaines.

8e Prix. — Médaille d'Argent.

M. NUGUES, chef de culture au champ d'expériences de St-Germain-au-Mont-d'Or (Rhône), pour ses vignes traitées par le sulfure de carbone.

9e Prix. — Médaille de Bronze.

M. PUZIN, à St-Cyr-sur-Rhône (Rhône), pour ses vignes américaines porte-greffes et de production directe.

2e CATÉGORIE

COLLECTION DE RAISINS D'EUROPE ET D'AMÉRIQUE

1er Prix. — Médaille d'Or.

M. BOUSCHET DE BERNARD, à Montpellier (Hérault), pour sa collection de raisins hybrides à jus rouge.

2e Prix. — Médaille d'Argent offerte par la Société des Agriculteurs de France.

M. Léon BARRAL, à Montpellier (Hérault), pour sa collection de raisins américains et de raisins européens, obtenus par la greffe sur cépages résistants.

3e Prix. — Médaille d'Argent.

M. MAZEAUD, à St-Philippe-d'Aiguilles (Gironde), pour sa collection de raisins américains et de raisins bordelais.

3e CATÉGORIE

MACHINES A GREFFER, LIGATURES OU LIENS POUR LES GREFFES, SÉCATEURS, SERPES, ÉBRANCHOIRS, ETC.

1er Prix. — Médaille de Vermeil.

M. PETIT, ingénieur civil à Lanojon (Gironde), pour sa machine à greffer.

2e Prix. — Médaille de Vermeil.

M. BERDAGUER, à Lyon, pour sa machine à greffer et l'ensemble de son exposition.

3e Prix. — Médaille d'Argent offerte par le Ministère de l'Agriculture et du Commerce.

M. LEYDIER, à Lencieux (Vaucluse), pour sa machine à greffer.

4e Prix. — Médaille d'Argent.

M. TRABUC, à St-Hippolyte du Gard (Gard), pour sa machine à greffer.

5e Prix. — Médaille de Bronze.

M. MIALLET, aux Avenières (Isère), pour ses sécateurs.

6e Prix. — Médaille de Bronze.

M. SCIAS, officier d'Académie à Bonneville (Haute-Savoie), pour sa machine à greffer.

7e Prix. — Médaille de Bronze.

M. Léon BARRAL, à Montpellier (Hérault), pour sa machine à greffer.

4e CATÉGORIE

CHARRUES VIGNERONNES AVEC LEURS APPAREILS COMPLETS
INSTRUMENTS DIVERS POUR LA CULTURE DE LA VIGNE

1er Prix. — Médaille de Vermeil.

M. PLISSONNIER, à Lyon, pour sa charrue vigneronne.

2e Prix. — Médaille de Bronze.

M. VERNAY, à Chalon-sur-Saône (Saône-et-Loire), pour ses cloches préservatrices de la gelée.

5e CATÉGORIE

HOUPPES, SOUFFLETS, VENTILATEURS POUR LE SOUFRAGE DE LA VIGNE.

1er Prix. — Médaille d'Argent offerte par la Société des Agriculteurs de France.

MM. DUMAS frères, à Lyon, pour leur vélo-soufreur.

6e CATÉGORIE

INSECTICIDES ET APPAREILS POUR LES EMPLOYER.

Pas de prix décerné.

7e CATÉGORIE

CHAUDIÈRES A PYRALE POUR L'ÉCHAUDAGE DES ÉCHALAS, DES TONNEAUX, DES FOUDRES, ETC.

1er Prix. — Médaille de Vermeil.

M. BOISSON, à Belleville-sur-Saône (Rhône), pour son appareil à échauder les échalas.

8e CATÉGORIE

ALAMBICS POUR LA DISTILLATION DES VINS ET DES MARCS DE RAISINS, POMPES A SOUTIRER LES VINS.

1er Prix. — Médaille de Vermeil.

M. ELDIN, à Lyon, pour sa pompe à soutirer les vins.

2e Prix. — Médaille de Vermeil.

MM. VIEUX-GAUTHIER et fils, à Bourg (Ain), pour leur alambic.

3e Prix. — Médaille d'Argent.

M. BIGARD, à Lyon, pour sa pompe à soutirer les vins.

4e Prix. — Médaille de Bronze.

M. PISSAVY, à Lyon, pour sa pompe aérophore.

9e CATÉGORIE

FILTRES POUR LA CLARIFICATION DES VINS ET DES LIES.

Pas d'instruments présentés.

10e CATÉGORIE

PRESSOIRS, CUVES, TONNEAUX, APPAREILS ET INSTRUMENTS POUR LA VÉRIFICATION ET L'ENTRETIEN DES VINS.

1er Prix. — Médaille de Vermeil.

M. MARMONNIER, à Lyon, pour son pressoir.

2e Prix. — Médaille de Bronze.

M. MEUNIER, à Villefranche (Rhône), pour ses pressoirs.

3e Prix. — Médaille de Bronze.

M. PEYNAUD, à Lyon, pour son pressoir.

4e Prix. — Médaille de Bronze.

MM. CRET fils aîné et GIVORD, à Lyon, pour ses bouteilles carrées.

CONGRÈS

DE

VITICULTURE

DE LYON

Les 12, 13 et 14 Septembre 1880

CONFÉRENCES

RÉSUMÉ — VŒUX

CONCLUSION

2

Dimanche 12 Septembre

PREMIÈRE SÉANCE

A 9 heures du matin, le Congrès est ouvert par M. Bender, président, assisté de MM. Gaston Bazile, sénateur de l'Hérault, Malens, sénateur de la Drôme, Belle, député de la Savoie, Trénel et docteur Pinet, vice-présidents de la Société de Viticulture.

MM. V. Pulliat et Bréheret remplissent les fonctions de secrétaires.

DISCOURS DE M. BENDER

Président de la Société de Viticulture

Messieurs,

Il y a un an, presqu'à pareil jour, nous ouvrions à Villefranche, dans ce département, un concours de viticulture, le premier essai de ce genre dans notre région. Avant de clore cette réunion qui a eu, vous le savez, un véritable retentissement, notre vénéré Président, M. Droche, dont je ne puis prononcer le nom sans émotion, nous convoquait à ce grand congrès qui nous rassemble de tous les points de la France, que dis-je, du monde viticole!

Certes, je ne m'attendais pas alors à l'honneur de présider une telle assemblée. Qui de nous eût pensé que celui qui nous invitait à cette fête de la science et du travail, que cet homme si modeste et si digne d'être aimé parce qu'il était réellement bon, que ce travailleur infatigable, que nous étions fiers d'avoir à notre tête, manquerait seul à ce rendez-vous qu'il paraissait si heureux de nous fixer.

Je ne veux point ici, Messieurs, prononcer l'oraison funèbre de M. Droche, d'autres l'ont fait avant moi, et mieux que je ne saurais le faire, mais il ne m'était pas possible de m'asseoir à ce fauteuil, qu'il eût occupé si dignement, sans donner à la mémoire de cette illustration du travail un souvenir et un regret. Je devais le faire ici au nom de notre Société de Viticulture à laquelle il était si dévoué, au nom de ces modestes travailleurs des champs que sa main généreuse aimait à récompenser sans compter, au nom enfin de l'humanité toute entière, à laquelle il donnait un si noble exemple.

Honneur à la mémoire de M. Auguste Droche qui, si la mort ne l'eût pas surpris aussi brutalement, aurait certainement mérité, comme le disait naguère, dans une autre enceinte, mon sympathique collègue, M. le docteur Pinet, le beau nom de Monthyon de l'agriculture!

Le travail, ce but idéal de celui dont je viens de vous entretenir, est aussi, Messieurs, le mobile certain de votre vie à tous; c'est pour travailler, pour nous apprendre et aussi peut-être pour apprendre vous-mêmes, que vous, qui êtes cependant nos maîtres, vous avez répondu en si grand nombre à l'appel de la Société régionale de viticulture de Lyon.

Nous avons le droit d'être fiers de ce premier succès de nos efforts, fiers des encouragements que nous ont adressés les premiers pouvoirs du pays, la bienveillante administration supérieure et les corps élus de ce département; fiers de l'approbation de MM. les sénateurs, de MM. les députés, dont quelques-uns vont suivre ces conférences, et dont un plus grand nombre a dû, à son grand regret, se contenter de nous envoyer des lettres de félicitations, toutes charmantes; malheureusement, le temps qui m'est mesuré, ne me permet pas de vous les faire connaître ici.

Nous avons le droit d'être fiers aussi des adhésions flatteuses que nous ont envoyées toutes les sociétés similaires de la nôtre, et je ne puis passer sous silence les paroles que vient de m'adresser M. Lecouteux, le secrétaire général de cette grande Société des agriculteurs de France (dont je me fais honneur de faire partie, ainsi qu'un grand nombre de ceux qui sont ici), en nous transmettant trois magnifiques médailles or et argent pour les exposants que nous aurons à récompenser ce soir.

« Je regrette vivement, » nous écrit M. Lecouteux, et M. le

marquis de Dampierre, Président de la Société, nous tient le même langage; « je regrette vivement qu'il ne me soit pas « possible d'assister au Congrès international viticole de Lyon; « j'aurais été heureux de cette occasion de resserrer les liens « qui unissent nos deux grandes Sociétés. Laissez-moi croire « que vous voudrez bien être, auprès du Congrès, l'organe de « mes remerciments et de mes regrets. Il nous importe à tous « que la viticulture, si cruellement éprouvée depuis quelques « années, multiplie les points de rencontre pour ses hommes « les plus dévoués. »

C'est là, Messieurs, l'opinion d'un des agriculteurs les plus compétents de la France, et c'est aussi la vôtre, à vous tous qui m'entourez, puisque à notre voix vous êtes accourus de tous les points de la France, de tous les points du monde viticole, comme je le disais il y a un instant.

Je vois parmi vous, Messieurs, les Viticulteurs les plus importants de notre beau pays, à leur tête M. Barral, l'illustre secrétaire perpétuel de la Société nationale d'Agriculture, j'y vois les délégués du gouvernement Espagnol, du gouvernement Italien, les représentants du Portugal, de l'Autriche-Hongrie, de la Suisse, notre voisine hospitalière, de notre fertile Algérie; bien plus j'y vois un représentant de l'Amérique, notre voisine par la science viticole, si elle est éloignée de nous sur la carte du globe!

Merci à vous tous, Messieurs, vous venez nous aider à défendre notre territoire menacé tout entier par un ennemi implacable, en nous communiquant les résultats de vos recherches, de vos observations et de vos études les plus chères.

A l'œuvre donc, Messieurs, tous nous poursuivons le même but, et il me tarde d'entendre les savants travailleurs qui m'entourent!

Permettez-moi cependant de faire ici une observation que je crois nécessaire avant de céder la parole à notre rapporteur, M. Roche, qui va vous faire l'exposé de la situation phylloxérique de la région, exposé très-noir, lugubre même, parce qu'il est vrai et que le mal est immense dans nos vignobles environnants.

On nous a reproché de donner à ce congrès une forme analogue à celle des congrès qui ont eu lieu déjà dans bien des villes de France ; c'est-à-dire de revenir une fois de plus sur des matières et des arguments déjà connus, à commencer par l'étude de l'insecte lui-même, au lieu de les passer sous silence, et d'aborder de suite mille autres sujets plus nouveaux et plus intéressants pour des auditeurs familiarisés avec ces questions déjà anciennes.

Messieurs, ce reproche est-il bien mérité ici, dans le Lyonnais, centre de la France, où beaucoup de vignerons, de propriétaires et même de chercheurs ne connaissent le phylloxera que de nom? En effet ses ravages, quoique terribles, sont appréciables depuis peu de temps, si nous nous comparons aux départements du midi.

Nous serons heureux de voir ces points nouveaux abordés par des orateurs nouveaux, eux aussi; seulement, Messieurs, je dois vous adresser une petite prière:

Notre programme est très-chargé; nous avons tant à dire, et surtout tant à apprendre! et cela en trois jours!

Votre bureau donnera, comme cela est annoncé, la parole, à la fin de chaque séance, au plus grand nombre d'orateurs possible. Mais alors que chacun de vous, c'est aux princes de la science que je m'adresse principalement, s'engage à oublier pour ces débats les termes trop spéciaux; qu'il veuille bien rester le plus possible dans la pratique, nous parler surtout dans ce sens de la taille, de l'adaptation des cépages au sol et aux climats; en un mot nous fortifier dans la connaissance de la science viticole. Mais surtout qu'il veuille bien produire le plus grand nombre de faits possible, c'est ce dont les travailleurs sont, je crois, le plus avides.

Le public éclairé réuni dans cette enceinte pourra lui-même tirer les conclusions de nos travaux. Ce qui l'inquiète le plus, ce monde de vignerons: c'est une solution. Il veut savoir s'il doit chercher à maintenir ses vignes au moyen des insecticides, ou chercher à les reconstituer au moyen de cépages nouveaux qu'il demande qu'on lui apprenne à connaître.

Les premiers essais tentés dans cette voie ont malheureusement prouvé que ces deux opinions étaient en lutte sérieuse, et je sais plus d'un auditeur ici qui s'attend à la voir continuer, cette lutte, bonne pour d'autres temps et d'autres mœurs que les vôtres, Messieurs.

Vous savez tous qu'au congrès que j'ai l'honneur d'ouvrir, toutes les opinions sont admises, qu'elles peuvent toutes se produire en toute liberté, parce que la liberté est l'apanage des hommes raisonnables.

Or, la Société de Viticulture sait quel amour de conciliation, quelle aménité messieurs les Conférenciers qui sont ici apportent dans leurs discussions, lorsque discussion il y a. Nous ne voyons parmi vous que des chercheurs marchant ensemble vers un but commun, glorieux, parce qu'il est difficile à atteindre ; mais d'adversaires, comme s'y attendent peut-être quelques amateurs des séances orageuses, nous n'en connaissons et n'en connaitrons aucun, j'en suis certain.

J'ai fini, Messieurs, mais je ne vous cacherai pas qu'en outre du programme déjà long que vous avez tous lu, les Conférenciers qui ont demandé ces jours-ci à être inscrits à la fin des séances sont nombreux, et me voilà, à mon grand regret, obligé de vous proposer de passer un petit traité :

Veuillez vous engager à être brefs et concis, de façon à permettre à tous ceux qui le voudront de prendre la parole et d'apporter leur pierre à l'édifice commun ; moi, de mon côté, et quoiqu'il m'en coûte, parce que si je dois être impartial je dois être poli, et j'ose dire que je crois l'être, je prends l'engagement de vous prier tous les quarts d'heure (ajoutons-y quelques minutes de grâce, si vous voulez), de passer la parole au conférencier suivant ; mais j'y songe, si je prenais simplement l'engagement de limiter à deux heures et demie la durée de chaque séance, m'en rapportant, pour que chacun puisse parler, à la délicatesse de chaque conférencier? Je m'en remets à vous, messieurs, et je m'arrête pour donner le premier l'exemple.

Un mot encore cependant, Messieurs : ce congrès ne pouvant durer que trois jours, et prenant, comme je viens d'avoir l'honneur de vous le dire, des proportions inattendues, la Société a décidé qu'elle ne pourrait entendre ceux qui ont demandé ou veulent demander la parole pour recommander un insecticide ou autre moyen curatif non prévu dans le programme ; en un mot, tous les inventeurs de procédés nouveaux.

Plus de quatre-vingts nous ont été proposés cette semaine seulement, et on en a déjà cependant expérimenté plusieurs milliêrs en France.

Toutes les personnes dont je parle sont priées de s'adresser, par lettres, à M. Jaricot, rue Puits-Gaillot, 21, Président d'une Commission que nous organisons à cet effet, et qui fera son rapport à la Société.

Cette détermination que nous avons prise après mûre réflexion, l'a été surtout dans l'intérêt des inventeurs eux-mêmes : comme je l'ai dit, les moyens ou remèdes proposés sont innombrables, et comme les auteurs les croient bons, sont munis de certificats excellents, etc., et en feront un éloge en conséquence, le public ne saurait comment discerner le bon grain de l'ivraie !

Il vaut donc mieux s'en référer au rapport que dressera notre Commission composée de gens compétents et pleins d'une bienveillance à toute épreuve.

M. de Laffite, président du comité d'études et de vigilance du Lot-et-Garonne, présente quelques observations sur l'ordre du jour.

L'assemblée consultée décide qu'il sera passé à l'ordre du jour pur et simple.

La parole est à *M. Camille Roche*, membre de la Société de Viticulture, maire de St-Julien (Rhône), pour son rapport sur la situation phylloxérique de la région.

CONFÉRENCE DE M. CAMILLE ROCHE.

Messieurs,

C'est une tâche pénible que celle qui va établir la ruine presque complète de notre magnifique région vinicole, et, en classant les documents qu'il a reçus de toutes parts, le Rapporteur de la Société de Viticulture était loin de soupçonner lui-même l'étendue du mal qui a frappé le pays.

Disons d'abord que les attaques du phylloxera avaient été constatées à peu près partout dès l'année dernière, et que la gelée de 1880, qu'on peut bien appeler celle de l'hiver terrible, a empêché d'établir avec exactitude la part qui revient à l'un ou à l'autre de ces deux fléaux.

Pour ne pas fatiguer l'attention de l'Assemblée, nous devrons donc nous borner à quelques aperçus généraux.

La partie nord du département du Rhône, produisant les grands vins de Fleurie, Chiroubles, Morgon, Brouilly, Quincié, dans les cantons de Beaujeu et de Belleville, est détruite dans la proportion des trois cinquièmes.

Belleville est le plus maltraité des deux. Au-dessus de 400 mètres, la gelée a épargné les hauteurs, mais le phylloxera y continue ses ravages.

De Villefranche à la vallée d'Azergues, où se trouvent les vins de La Chassagne et leurs similaires si recherchés autrefois, le mal semble moins grand, et on peut l'évaluer à une moitié, soit par le fait de l'insecte, soit par l'hiver.

Les vignes gelées repoussent en grande partie dans des conditions qui assurent la taille du printemps prochain.

De la vallée d'Azergues à Condrieu, les trois quarts des vignes, ou pourrait même dire la totalité, ont été attaquées par le phylloxera et par la gelée. Le ceps ne repousse presque pas.

La rive gauche de la Saône, de Pont-de-Veyle à Lyon, peut être considérée comme détruite aux trois quarts par la gelée. Toutefois, l'insecte n'y a guère fait son apparition que dans les environs de Neuville, dont les vignes sont perdues.

Si nous passons dans l'arrondissement de Vienne, qui nous touche de si près, nous ne pouvons mieux faire que de citer les chiffres de l'honorable maire de Pont-l'Evêque, Président de la Société d'Agriculture de Vienne, M. Trénel.

Sur 8,325 hectares de vignes, les trois quarts sont profondément atteints et destinés à disparaître à bref délai.

Enfin, dans la Drôme et sur les côtes du Rhône jusqu'à Valence, tout le monde sait qu'il n'y a plus de production sérieuse, que les vignes ont à peu près disparu, et que les vins célèbres de l'Hermitage, Cornas et Côte-Rotie ne seront bientôt qu'un souvenir.

Votre Commission a cru devoir encore visiter une grande partie du département du Rhône. Elle y a trouvé le phylloxera partout, dans tous les sols, à toutes les altitudes, sur toutes les expositions, mais spécialement celle du sud-est.

Elle l'a trouvé dans des plantiers de 4 à 5 ans pleins de beauté et de promesses ; sur les radicelles de ce chevelu, qui a eu tant de peine à se reformer après les rigueurs de l'hiver.

Il est probable que la gelée a profondément altéré la constitution des vignes survivantes, et les livrera sans défense aux attaques de leur ennemi.

Personne ne peut donc se dire à l'abri du fléau, et dans l'opinion de vos délégués la destruction sera complète dans un délai de 3 à 5 ans.

La région entière offrira alors le triste spectacle que tout le monde a pu voir du chemin de fer, en jetant les yeux sur la montagne de Villié-Morgon, premier berceau du mal, et aujourd'hui complètement dénudée.

Quelles seront les conséquences de cette situation, dont on chercherait en vain un exemple dans nos traditions les plus lointaines ? Votre Commission a déjà pu constater partout le renvoi des aides de culture et le départ d'un grand nombre de vignerons.

Toutes les industries se rattachant à la vigne sont en souffrance. Le maillet sonore du tonnelier de village a cessé d'assourdir l'oreille du passant ; le crédit se resserre tous les jours, et enfin une pétition, dont votre Société avait pris l'initiative pour signaler cet état de choses au gouvernement, vient de rentrer dans vos bureaux, couverte de 20,000 signatures de chefs de famille représentant les intérêts de 100,000 personnes.

Vous le voyez, Messieurs, la situation doit être bien mauvaise, car d'habitude le cultivateur ne pétitionne pas.

Il faut bien dire aussi que la région qui nous occupe a été jusqu'ici absolument impropre à toute culture rémunératrice autre que la vigne.

Si la vigne meurt, tout doit disparaître avec elle.

Votre Commission a visité un excellent vignoble de 67 hectares, dont la moitié a été détruite par la gelée d'hiver, et qui nourrissait à l'aise 65 personnes. Pendant la période de 1865 à 1875, il a rendu en moyenne 28,000 fr., nets de tous frais, y compris l'impôt, qui s'élève à 1,800 fr.

Cette propriété est largement pourvue de prairies arrosées ; les terres sont fortes et la charrue peut passer partout. En un mot, c'est peut-être la mieux placée du Beaujolais pour y faire la culture de ferme.

Eh bien! en admettant, ce qui n'est pas sûr, qu'on puisse en trouver 100 francs l'hectare, le revenu net tombera à 5,000 fr. Une ou deux familles au lieu de 12 suffiront largement à cultiver toute cette étendue. Là où la vigne avait fait pousser des hommes, la grande culture et la machine américaine feront le désert.

Enfin, les propriétés ont baissé de plus de 60 pour cent et ce n'est qu'une première étape vers la ruine complète.

Or, il ne faut pas oublier que la région qui nous occupe était autrefois, avec le Bordelais et la Bourgogne, en possession à peu près exclusive des grands marchés de Paris et du nord.

Les chemins de fer, en amenant les vins du midi, ont porté une première atteinte à cette situation que les importations étrangères ont surtout aggravée. Le pays n'a donc jamais fait ces fortunes fabuleuses constatées dans certaines localités. Il a simplement vécu en travaillant beaucoup, et n'a pas réalisé toutes les réserves que l'on croit.

Si nous examinons la question de plus haut, comment ne pas remarquer que la vigne française par ses grands vins, ses ordinaires et ses cognacs, nous donne à peu près les seuls produits de la terre qui nous restent encore pour nos échanges avec l'étranger!

Vous le savez, Messieurs, toutes les autres cultures sont bien compromises.

Les économistes, qui ne sont pas tendres pour le cultivateur et qui trouvent remède à tout, nous ont déjà dit: « Le blé ne vaut plus rien ; abandonnez-le et faites de la viande. » On a fait de la viande. Nos infaillibles conseillers pourront-il nous garantir que nous la ferons longtemps avec bénéfice d'inventaire?....

La France en dehors de ses grands vins était donc surtout, par sa situation, son climat et les aptitudes de son sol, un des rares pays appelés à produire les vins fins d'ordinaire, vins hygiéniques, frais à boire en mangeant et conservant leur charme et leur arôme même après avoir été coupés d'eau.

Parmi les vins étrangers, plusieurs sont assurément parfaits, mais nous doutons qu'ils puissent jamais remplir le même but. Conservons donc à tout prix la vigne française en lui donnant les moyens de résister.

En résumé, Messieurs, la situation est désespérée et les charges sont plus lourdes que jamais.

Dans le Beaujolais surtout, où l'on avait réalisé l'idéal de la culture par l'association complète du capital et du travail, nous sommes persuadés que les propriétaires feront les plus grands sacrifices pour conserver un personnel dévoué et qui ne s'improvise pas.

Mais ils ne le pourront pas tous et il faut avant tout prévenir l'émigration.

Ne serait-il pas possible d'occuper les cultivateurs à des travaux publics dans notre région?

Le département et les communes ne seraient-ils pas prudents en réduisant toutes les dépenses qui ne sont pas d'une nécessité absolue?

L'Etat ne devrait-il pas entrer plus largement et surtout plus résolument dans la défense des vignes qu'il ne l'a fait jusqu'à ce jour?

Ne pourrait-on enfin remanier le cadastre qui depuis quelques années fourmille d'inexactitudes?

Assurément, Messieurs, il sera triste de voir nos infatigables vignerons tendre la main pour traverser une période difficile sans précédents dans l'histoire de la vigne; mais ils savent fort bien que pendant longtemps ils ont supporté la plus lourde part du budget, et, en définitive, ils ne demandent qu'une avance, avance que la France et l'Etat recouvreront au centuple dès que les savants de tous les pays, ou peut-être nos modestes praticiens, auront trouvé un remède à cette situation déplorable qui sera bientôt celle de la France viticole toute entière.

La parole est à *M. Planchon*, correspondant de l'Institut, professeur à la Faculté des Sciences et directeur de l'École supérieure de pharmacie de Montpellier.

CONFÉRENCE DE M. PLANCHON

L'orateur remercie tout d'abord la Société de Viticulture de l'honneur qu'elle lui a fait en l'appelant à prendre la parole un des premiers. Il annonce qu'il sera bref et que, laissant de côté toute polémique irritante, il n'appuiera pas trop sur les points de l'histoire du phylloxera qui sont généralement admis.

Dans l'histoire naturelle de l'insecte, quelques points sont controversés; ce sont surtout:

1° le rôle joué par les aptères dans la propagation du mal; 2° celui de l'œuf d'hiver. C'est principalement sur ces points que M. Planchon veut exposer quelques considérations.

Quant au rôle des aptères, on se trouve en présence de deux opinions: 1° la fécondité continue; 2° la fécondité décroissante des générations parthénogénésiques.

M. Balbiani a supposé que la fécondité allait sans cesse en s'épuisant et que lorsqu'une pondeuse de première génération donnait environ trente œufs, les pondeuses d'automne en donnaient beaucoup moins; de telle sorte que le nombre de phylloxeras allait sans cesse en décroissant jusqu'à ce qu'il y ait retrempement du sang par la fécondation des insectes sexués.

Sans contester l'exactitude des observations de M. Balbiani concernant la diminution des gaînes ovigères chez le phylloxera d'arrière-saison, M. Planchon constate que les aptères du printemps, provenant de la génération d'automne, sont aussi féconds que ceux du printemps précédent. Il y aurait donc là une sorte de recrudescence de fécondité chez les aptères eux-mêmes, sans nécessité d'intervention des sexués.

D'un autre côté, M. Planchon cite M. Schrader de Bordeaux

qui, sans jamais avoir remarqué d'insectes ailés, a vu des aptères pondre pendant trois ans avec la même fécondité.

Les phylloxeras aptères sont transportés par le vent; c'est ce qu'a démontré M. Faucon en en prenant plusieurs sur des carrés de papier glycériné tendus sur de petits cadres sous le vent d'une vigne phylloxérée.

Partant de ces principes que le rôle des aptères est fort important, M. Planchon dit que ce sont eux surtout qu'il faut détruire au moyen des divers insecticides ; aussi comprend-il les scrupules qu'ont les nations étrangères contre l'introduction des plants enracinés.

Parlant ensuite de l'œuf d'hiver, M. Planchon dit que c'est à M. Boiteau que revient l'honneur d'en avoir fait la découverte. Cet œuf a fort peu d'importance pour la multiplication à très grande distance, en ce sens qu'étant pondu sous les écorces du bois de deux ou plusieurs années, on éviterait presque tout danger en ne transportant que des boutures de l'année. Du reste, si cet œuf est assez commun dans les environs de Libourne, il est rare dans le midi, à tel point qu'on ne cite que M. Marion qui l'ait vu à Marseille et M. de Graëlls dans le sud de l'Espagne. Dans ces conditions, l'introduction de l'insecte serait presque une éventualité des plus rares; aussi faudrait-il que les lois internationales fussent moins sévères et qu'elles n'allassent pas à l'encontre des intérêts de l'horticulture en proscrivant en bloc la circulation de ses produits.

Quant aux galles des feuilles, elles résultent non-seulement de la piqûre des insectes issus de l'œuf d'hiver, mais aussi de celle des aptères du sol. Ces galles sont assez nombreuses dans le midi, sans qu'on doive penser qu'il y ait beaucoup d'œufs issus de la génération sexuée. Les insectes gallicoles font peu de mal sur les feuilles, mais MM. Riley et Cornu les ont vus descendre en terre pour former de nombreuses colonies d'aptères. M. Planchon admet avec M. Laliman que les galles peuvent être formées par les insectes radicicoles, mais il ne voit pas la nécessité de nommer le gallicole « *pemphigus conservatrix.* » Ayant fait, en collaboration avec M. Lichtenstein, le philloxera des racines avec celui des galles,

M. Planchon en conclut que ce sont là des insectes de même espèce sous des états différents.

Enfin, après tout ce qui précède, l'orateur veut arriver à une conclusion pratique. Il voudrait qu'on ne s'exagérât pas le danger de l'importation des simples boutures et que, sous prétexte d'empêcher l'introduction des vignes américaines là où il n'y a pas de phylloxera, on n'arrêtât pas tous les produits horticoles sans distinction. A l'appui de son opinion sur les mesures prises dans les divers Etats, il signale, entre autres, ce fait: qu'en Italie, un savant botaniste, M. Beccari, s'est vu refuser l'entrée de tubercules d'une magnifique aroïdée ornementale provenant de l'île de Bornéo, et que ces tubercules ont dû rester à Marseille et qu'ils y ont pourri.

M. Planchon termine son discours en demandant à ce qu'une commission des sociétés d'horticulture et de viticulture de Lyon soit nommée, à l'effet de prier M. le Ministre de seconder les vœux des populations intéressées qui désirent que la convention de Berne soit raisonnablement révisée, sans porter atteinte aux intérêts réciproques des Etats contractants.

La parole est à *M. Lichtenstein*, membre de la Société entomologique de France.

CONFÉRENCE DE M. LICHTENSTEIN

En sa qualité de délégué du Conseil général de l'Aragon et de la ville de Saragosse, M. Lichtenstein commence par inviter M. le président et MM. les membres du Congrès à assister au Congrès phylloxérique qui se tiendra dans cette ville, du 1er au 10 octobre prochain, sous la présidence de M. le Ministre de Fomento. Les personnes qui se feront inscrire recevront une lettre particulière qui leur servira de passeport, tout en leur permettant de voyager sur les chemins de fer espagnols avec une réduction de 45 0/0 sur le prix ordinaire des places.

(M. le Président remercie M. Lichtenstein de l'invitation qu'il vient d'adresser aux membres du Congrès et il annonce qu'une liste d'inscription sera déposée au bureau, entre les séances, pour être remise plus tard entre les mains de M. le délégué espagnol.)

M. Lichtenstein décrit les mœurs du phylloxera en disant que s'il n'a constaté aucun fait bien nouveau depuis cinq ans, il peut parler aujourd'hui de l'insecte avec plus d'autorité qu'à une époque où quelques savants et même l'Académie, le traitèrent de romancier. Ses études ayant été reprises en Italie par M. Targioni, et en Espagne par M. de Graëlls, il est bien démontré qu'elles étaient exactes. D'un autre côté, M. Kessler de Cassel, a observé les diverses phases de la vie des pucerons de l'orme et ses vues sont exactement les mêmes que celles de M. Lichtenstein. Tout dernièrement encore, l'orateur vient d'être nommé délégué de l'Académie des sciences, ce qui prouve le revirement flatteur de ce corps savant à son égard.

M. Lichtenstein, qui a suivi jour par jour les divers développements et transformations du phylloxera, dit qu'en 1875, à Bordeaux, en compagnie de MM. Boiteau et Lalimau, il observa au printemps que de l'œuf pondu en automne naissait un gros puceron qui allait sur les feuilles, les piquait, formant une galle dans laquelle il déposait de 200 à 500 œufs. Ces premiers insectes sont ce qu'il nomme des *fondateurs*. Les jeunes phylloxeras qui naissent de ces œufs vont chercher fortune ailleurs : ce sont des *émigrants*. Une partie reste sur les feuilles tendres, forme à son tour des galles, et une autre, plus nombreuse, en descend aux racines sans changer de forme. Chacune de ces femelles souterraines pondant en moyenne trente œufs et tous les vingt jours, jusqu'à la fin d'octobre, les nouvelles générations donnant naissance à la même quantité d'œufs, la même fondatrice donnerait en somme par an 24 millions de petits qu'il appelle des *bourgeonnants*. A Malaga, où l'état de la température n'amène aucun arrêt dans la fécondation, on aurait 48 millions d'insectes en une seule année.

Ces insectes, ainsi que l'a observé M. Schrader, peuvent continuer à se perpétuer ainsi pendant au moins trois ans, et un savant allemand, Kyber, a même vu, au commencement de ce siècle, les pucerons se multiplier indéfiniment pendant quatre années.

A une époque de leur vie les insectes souterrains lancent en quelque sorte des floraisons qui répondent à l'œuf d'hiver. C'est là comme un chiendent animal qui peut être fauché en fleur sans que sa multiplication en soit anéantie ; de telle sorte que, si cet œuf d'hiver fait partie des diverses transformations de l'insecte, il n'est pas nécessaire à sa propagation, pas plus que la fleur ne l'est à la multiplication du chiendent.

La nymphe qui sort de terre prend des ailes et emporte le germe du mal dans d'autres localités. Lorsqu'elle sort, toute la famille vient lui faire la conduite et il y a à ce moment une foule de jeunes aptères qui courent sur le sol. S'il survient un vent violent il répand au loin une véritable pluie de phylloxeras.

On a cru dans le principe que l'ailé était la forme parfaite, comme pour les autres insectes. Il n'en est rien : il produit des pupes de grosseur différente d'où sortent des mâles et des femelles qui s'accouplent et donnent à leur tour naissance à un œuf qui est déposé sous les écorces du bois âgé de deux ans au moins.

Grâce à l'obligeance de M. le Dr Crolas, professeur à la Faculté de médecine de Lyon, et membre de la Société de Viticulture, M. Lichtenstein montre, au moyen de projections très-nettes à la lumière oxhydrique, les diverses formes qu'affecte le phylloxera et, à ce sujet, il résume clairement la description qu'il en a déjà faite.

L'ordre du jour étant épuisé, le président donne la parole à *M. Louis Reich*, premier orateur inscrit pour la deuxième séance.

CONFÉRENCE DE M. LOUIS REICH

Viticulteur à l'Armeillère, près Arles (Bouches-du-Rhône).

Le moyen de défense contre le phylloxera qui a donné jusqu'à présent les résultats les plus incontestables et les plus incontestés n'est malheureusement praticable que dans des cas assez rares. La surface des vignes nouvellement plantées en vue de la submersion augmente pourtant tous les ans, et dans le Midi notamment, on recherche de plus en plus les terrains susceptibles d'être submergés.

Les conditions nécessaires pour obtenir un bon effet avec la submersion sont de deux ordres différents : premièrement, celles qui concernent la nature du sol et sa position, et secondement, celles qui concernent l'écoulage des eaux après la submersion.

La submersion agit sur les phylloxeras en les asphyxiant et, pour que l'eau produise cet effet, il faut qu'elle soit, autant que possible, privée d'air ; ce qu'elle n'est qu'autant qu'on la renouvelle le moins souvent possible. Dans un sol très perméable, où on est obligé d'introduire constamment de nouvelles quantités d'eau pour remplacer les vides faits par l'écoulage souterrain, on obtient rarement des effets satisfaisants avec la submersion ; les bulles d'air qui sont introduites avec l'eau s'accumulent autour des racines et permettent aux phylloxeras de vivre malgré l'eau qui les entoure. Plus la couche d'eau est épaisse et plus la charge qui pèse sur la terre est grande, mieux tout l'air contenu dans le sol sera expulsé ; en théorie, toutes les souches devraient être recouvertes d'eau jusqu'au dessus du collet ; dans nos terres de Camargues, sans différence de niveau appréciable, la chose se fait bien ainsi et nous obtenons une submersion parfaite avec une couche d'eau d'environ 40 centimètres. Mais dès que la moindre différence de niveau se présente, il n'en est plus ainsi, et pour mettre toutes les souches complètement sous l'eau il faudrait, dans la plupart des cas, 80 cent. d'eau et plus ; on se contente alors de couvrir le sol partout d'une couche d'eau qui ne doit pas être moindre que 20 cent., car la plus petite interruption de la submersion conserve la vie à de nombreux phylloxeras. La durée de la submersion doit être d'au moins 50 jours quand on l'applique dès le mois d'octobre ; elle doit être prolongée de 60 jours jusqu'à 70 quand on ne peut la faire qu'en janvier ou février. Dans le midi, les phylloxeras sont encore en pleine activité de multiplication au mois d'octobre, et on les détruit à cette époque d'autant plus facilement, qu'ils n'ont pas encore revêtu leur carapace de matière graisseuse qui les protége en hiver.

Quant à la vigne elle-même, elle supporte bien la submersion dès le mois d'octobre, même si les bouts des sarments ne sont pas encore bien aoûtés. Une des objections qu'on entend le plus souvent formuler contre la submersion, est que la vigne n'est pas une plante aquatique et qu'elle ne saurait supporter pendant longtemps un régime pareil. Sans être précisément une plante aquatique, la vigne pousse à l'état sauvage toujours au bord des rivières; on ne trouve notre vigne sauvage jamais au sommet des montagnes, mais bien dans les vallées, et le plus souvent plongeant ses racines dans l'eau au moins pendant la crue des ruisseaux ou des rivières qui coulent ou fond de la vallée.

La culture de la vigne avec submersion hivernale imite donc bien mieux les conditions naturelles d'existence de la plante, telles qu'on les trouve à l'état sauvage, que sa plantation sur les pentes sèches et pierreuses des montagnes. Quant à la qualité du vin produit par des vignes submergées, elle ne diffère aucunement de celle qu'on obtient dans des conditions analogues de sol et d'exposition avec des vignes non submergées. Loin de moi la pensée de vouloir comparer le produit de nos vignes de plaine avec celui des vignes en côteau; l'arbuste que nous, nous cultivons et que nous abandonnons un peu à lui-même, en plantant 2500 ceps à l'hectare et qui nous donne jusqu'à 250 hectol. de vin par hectare, ne ressemble plus en rien aux souches bien taillées et constamment surveillées du Beaujolais, qui permettent à leur heureux propriétaire d'en planter 15 à 20,000 par hectare et qui, à défaut de la quantité, la remplace par sa qualité exquise qui a fait la renommée de vos crus.

Par les raisons expliquées plus haut, un terrain trop perméable qui absorberait, pendant le cours des 60 jours, de submersion plus de 50,000 mètres cubes par hectare, ne vaudra rien pour pratiquer efficacement ce système de défense; des terrains plus compacts au contraire y conviennent parfaitement. Il y a dans la Camargue, des terres plantées en vignes qui n'absorbent, pendant toute la période de la submersion, que 4500 mètres cubes d'eau et qui sont parfaitement préservées du philloxera, quand les vignes submergées, se trouvant à peu de distance de là, succombent infailliblement à la 3me ou à la 4me année.

Un terrain trop en pente ne saurait naturellement pas convenir à la submersion, à cause de la difficulté d'y amener l'eau et des frais énormes qu'exigerait l'installation des bourrelets de retenue. La multiplicité de ces bourrelets fait perdre énormément de place, car il est essentiel que les souches se trouvent assez loin des bourrelets pour que leurs racines ne s'y développent pas et offrent un refuge au phylloxera contre l'eau qui couvre le reste de la surface des vignes. Une distance minimum d'un mètre 50 est donc nécessaire.

Dans un terrain plat et bien nivelé, on devrait faire les enclos de 3 à 4 hect. Des surfaces plus grandes sont difficiles à surveiller, surtout pendant les forts coups de vent que nous ressentons souvent dans le midi, et qui occasionnent des déplacements d'eau considérables, qui mettent les bourrelets en danger.

Quant aux écoulages, il faut qu'ils soient établis de manière à pouvoir évacuer l'eau aussi rapidement que possible; dans les vignes où il y a une légère pente, rien n'est plus facile; mais dans les terrains sans différence de niveau appréciable, il faut que la vigne à écouler soit pourvue au moins de deux côtés d'un fossé, ayant au moins une profondeur de 0,75. Il importe qu'on puisse faire à temps les travaux qu'exige la culture de la vigne et, après une submersion de 2 mois, il reste souvent peu de temps pour les travaux de l'hiver, surtout quand on est obligé d'attendre, par suite d'un écoulage insuffisant, que la terre soit complètement écoulée et assez sèche pour supporter le poids des hommes et celui des bêtes de labour. Il faut, en outre, éviter de créer une couche d'eau stagnante dans le sous-sol qui persisterait pendant la végétation de la vigne, car si on peut impunément submerger une vigne pendant l'époque de la non activité de la végétation, il n'en est plus ainsi pendant qu'elle est en végétation. La durée d'une vigne submergée et imparfaitement écoulée jusqu'à une profondeur de 0m75 est très limitée, tandis qu'une vigne submergée dans de bonnes conditions d'écoulage durera plus longtemps qu'une vigne non submergée.

Un obstacle qui a souvent empêché l'application en grand d'un moyen de défense contre le phylloxera : l'élévation des frais du traitement n'existe pas pour la submersion dans la plupart des cas.

Parmi les vignes submergées, il y en a où l'eau arrive naturellement par des canaux d'irrigation dérivés des rivières, et il y en a d'autres, et leur nombre est le plus grand, où on est obligé d'élever l'eau au moyen de machines.

Quand il s'agit de petites élévations, on obtient le meilleur effet avec le tympan ; pour des élévations de $1^{m}50$ à 2^{m}, on emploie dans le midi, pour des élévations de 2^{m}, une autre machine dite le Rouet, qui donne un effet utile de 70 0/0, qui malheureusement exige une installation fixe et assez coûteuse : c'est un tympan placé horizontalement au fond d'un puits en maçonnerie. Mais la machine la plus élévatoire est et reste toujours la pompe centrifuge, et c'est d'elle qu'il s'agit quand je parle du prix de revient de la submersion ; aucune autre machine n'est d'une installation plus facile et n'exige moins d'entretien, en donnant un effet utile de 60 0/0 et plus.

Quant aux moteurs, c'est la machine à vapeur, soit comme locomobile, soit comme machine fixe, qui est généralement employée. On trouve bien par-ci par-là des moteurs à vent, mais jusqu'à présent ils laissent à désirer.

On ne peut fixer aucun chiffre quand il s'agit de canaux d'irrigation dérivés d'une rivière et appartenant à une société ou à un syndicat. La cote à payer est très variable, et dans le seul département des Bouches-du-Rhône, elle varie de 8 fr. par hectare à 120 fr. Il est plus facile d'établir le prix de la submersion par machine.

La plupart des propriétés situées sur le bord d'une rivière possèdent des prises d'eau, et ce n'est que dans des cas tout exceptionnels qu'on est obligé d'en construire ; dans ce cas, on fera bien du reste, d'imiter l'exemple qu'a donné un grand propriétaire de Camargue, et de puiser l'eau dans le fleuve au moyen d'un syphon qui traverse la chaussée, protégeant l'intérieur du pays contre les crues de la rivière.

L'établissement des canaux qui amènent l'eau dans les vignes revient à environ........................ 40 f. par hect.

Les canaux d'écoulage coûtent environ.... 30 »

L'établissement des bourrelets........... 10 »

80 fr.

Pour un domaine de 30 hect. de vigne, une locomobile de 6 chev. avec pompe de 20 cent. est suffisante. Cette installation coûte :

Locomobile.................. fr. 5,500

Pompe avec accessoires 2,500

Cabane qui les abrite 1,000

Soit un total de 9,000 fr. pour 30 hect., ou par hect................................ 300 fr.

Travaux de la prise d'eau............... 20

Total................. 400 fr.

A l'intérêt de 5 0/0 par an, l'hectare de vignes submergées, revient de ce chef à .... 20 fr.

Un amortissement de 10 0/0 est nécessaire 40

Une machine de 6 chevaux avec pompe de 20 cent. peut élever à une hauteur moyenne de 2 mètres environ 350 mètres cubes par heure, soit dans une journée de 20 heures 7,000 mètres cubes, ce qui est à peu près la moyenne de la quantité d'eau nécessaire pour un hectare pendant une submersion de 55 à 60 jours. En calculant donc les frais de la machine pour un jour, on obtient le prix de revient du travail pour un hectare submergé :

450 kilog. de charbon à 30 fr. la tonne...	13 fr. 50
Huile, graisse et pétrole................	3 »
2 chauffeurs à 4 fr....................	8 »
Entretien de la machine et imprévus......	5 »
	89 fr. 50

Dans la plupart des cas, la submersion fait augmenter considérablement le rendement des vignes, et cette augmentation seule couvre largement les frais du traitement, sans compter que la submersion, en détruisant le phylloxera, tue aussi la plupart des autres insectes vivant sur la vigne. Reste la question des fumures ; là tout dépend de l'eau qu'on emploie, car il est évident que les eaux chargées de limon que nous apporte le plus souvent le Rhône fertilisent la terre, et qu'une vigne submergée dans ces conditions n'exige qu'une fumure relativement faible, tandis que l'eau claire que l'on puise en maints endroits dans les canaux de navigation ou dans les grands canaux d'écoulage, en poussant la vigne à une végétation plus forte et à un rendement plus considérable, exige l'emploi d'une fumure intensive ; mais dans aucun cas l'eau ne lave et n'appauvrit la terre.

En somme, la submersion dans les conditions ordinaires peut être faite à un prix moyen de 90 à 100 fr. par hectare. Dans la Camargue, ce prix descend à 50, à 60 fr., et en certains endroits des départements des Bouches-du-Rhône et de Vaucluse, arrosés par des dérivations de la Durance, ce prix tombe à 20 ou 25 fr. par hectare.

M. Coste, professeur d'agriculture du département de Vaucluse, qui devait prendre la parole sur la submersion, étant retenu à Avignon par des raisons de service, M. le Président prie M. le docteur Pinet, l'un des vice-présidents, de donner lecture d'un rapport adressé au Congrès, sur le même sujet, par *M. le docteur Ulysse Coste*, de Montpellier.

CONFÉRENCE DE M. ULYSSE COSTE

Pendant trois années consécutives, j'ai cherché par des expériences diverses à me rendre bien compte des effets de la submersion et de l'arrosage appliqués comme moyens de traitement aux vignes phylloxérées. Les résultats obtenus me paraissent assez intéressants pour que je me hâte de les faire connaître. D'ailleurs, cet empressement paraîtra d'autant plus légitime que, en agissant ainsi, je rends hommage aux idées judicieuses de l'agriculteur distingué, M. Louis Faucon, qui s'est fait le propagateur de ce mode de traitement.

Le dynamomètre particulier qui me sert à mesurer la densité des tissus des végétaux, démontre que l'eau, *en dehors de la période de végétation*, augmente la densité des tissus de la racine d'une façon générale, et, en particulier, développe dans l'aubier une consistance égale à celle du bois; *durant la période de végétation*, le contraire a lieu : l'eau, en trop grande quantité, diminue la consistance de ces mêmes tissus et amène aussi une véritable détérioration des racines.

Ainsi, en hiver, pendant la période du sommeil apparent des plantes, l'eau a une influence salutaire sur le tissu des racines et, d'ores et déjà, il est facile de comprendre quels avantages la plante devra retirer de cette influence pour sa végétation future. Nous savons, en effet, que la vigueur de la végétation accélère la transformation de l'aubier à l'état de bois parfait; en un mot, la lignification est d'autant plus rapide que la vigueur de la végétation est plus grande. Il y a donc lieu de penser que la végétation des vignes submergées sera toujours plus considérable, puisque le tissu des racines de ces vignes est plus rapidement lignifié.

Dans les tissus des végétaux soumis pendant la saison d'hiver à l'action prolongée de l'eau, l'abondance relative du ligneux, ce composé de principes divers, se révèle aisément.

D'un autre côté, sur des coupes de racines appartenant à des vignes submergées, on reconnaît facilement, au moyen du microscope et par une coloration artificielle des parties, que l'épaisseur de la couche ligneuse est comparativement forte tandis que l'épaisseur et la lignification des fibres sont aussi plus considérables.

On voit fréquemment avec les racines des vignes submergées la lésion s'étendre simplement de l'écorce dans les cellules des rayons médullaires et dans la zone génératrice. Lorsque le corps ligneux est atteint, l'altération des faisceaux fibro-vasculaires se trouve fort limitée et paraît présenter des caractères de gravité moindres que sur les racines des vignes non submergées. En pareil cas, on aperçoit parfois un travail d'élimination s'opérer dans la partie lésée.

Ces différences, observées dans les deux cas, tiennent à plusieurs causes :

Les couches externes des racines soumises à la submersion présentent, ainsi que je viens de le dire, plus d'épaisseur par suite de ce traitement particulier qui augmente la vigueur de la végétation et, dès lors, ces racines résistent de la même manière que résistent naturellement celles de certains cépages exotiques.

D'un autre côté, lorsque l'insecte peut atteindre les faisceaux fibro-vasculaires, il n'exerce jamais sur ces tissus une action funeste assez persistante et assez complète, soit que les couches externes de la racine, comme je viens de le dire, aient toujours trop d'épaisseur, soit que le milieu dans lequel se trouvent, au moment de la submersion, la racine et l'insecte, favorise peu le développement des phylloxeras qui survivent.

En troisième lieu, si la vigueur se trouve augmentée, lorsque la sève se mettra en mouvement, les racines encore saines ou en partie saines, pourront suffire à l'entretien de la vie dans la plante.

Enfin, comme complément des considérations précédentes, n'oublions pas que si, dans un terrain frais, humide, toutes les racines, grosses et petites, absorbent les matériaux de nutrition dans un terrain sec, il n'en est plus ainsi : par les radicelles presque exclusivement s'effectue l'absorption de la matière nourricière. Cela explique pourquoi, en l'absence même des radicelles, les souches qui ont été submergées ne dépérissent pas par épuisement et peuvent avec facilité réparer les pertes causées par l'insecte.

Dans un terrain où la submersion avait été faite, j'ai arraché le chevelu et coupé presque en entier les radicelles d'un certain nombre de souches, sans porter grand préjudice à la végétation de ces vignes. La même expérience, pratiquée dans un terrain présentant des conditions opposées, a donné des résultats contraires.

D'ailleurs, le soin que l'on met, au moment de la transplantation des arbres, à couper toutes les extrémités des racines et les radicelles, ne démontre pas autre chose.

Déjà, dans un travail sur l'altération des racines phylloxérées, j'avais constaté que les effets consécutifs à la lésion de ces organes étaient sensiblement différents, suivant que les racines vivaient dans l'eau ou dans la terre.

A cette époque, j'avais été frappé par de telles différences et je pensais alors que, sans doute, l'eau en augmentant la perméabilité des cellules et en tenant à la fois, dans une dissolution plus complète, les principes immédiats des végétaux, facilitait ainsi les actions différentes (chimique, physique et organique), qui entretenaient la vie dans la cellule végétale. Nous savons en effet qu'une plante, dont la végétation languit, reprend vite sa vigueur normale lorsqu'elle est placée dans l'eau. Les expériences de MM. Max. Cornu et Mer, relatives à l'absorption des matières colorantes par les radicelles, rendent ce phénomène très évident. Si l'immersion dans la matière colorante se prolongeait trop longtemps, l'allongement des radicelles s'arrêtait et ces organes, en apparence morts, recommençaient à s'accroître, lorsqu'ils étaient transportés dans l'eau.

Toutes ces expériences, tous ces faits d'observation ne prouvent-ils pas que l'existence d'une vigne, en présence du phylloxera, est intimement liée à l'intégrité des faisceaux fibro-vasculaires des racines ?

Une remarque relative à l'action de l'eau sur les racines et qui peut présenter tout au moins un intérêt de curiosité est celle-ci :

Si l'on plonge en entier, d'une façon continue et pendant quelques jours dans un vase rempli d'eau, des racines appartenant à différentes espèces ou variétés de vignes, on constate que la densité du tissu de toutes ces racines s'est accrue et que, toutefois, — ce qui est fort remarquable — les différences de densité qui caractérisaient les tissus des racines de toutes les variétés, sont restées les mêmes.

Cette observation m'a servi à apporter une plus grande perfection dans la mesure de la consistance des tissus d'une racine au moyen du dynamomètre. C'est ainsi qu'on peut faire disparaître les erreurs provenant des milieux différents où les vignes végètent.

Dans le *Messager agricole* du 10 janvier 1879, j'ai encore appelé l'attention sur ces altérations générales susceptibles de changer les particularités constitutionnelles des tissus et qui coïncidaient parfois avec la présence de l'insecte sur les racines. Je disais, avec juste raison, que l'état de santé de ces organes, en pareil cas, n'était pas toujours facile à reconnaître. Or, l'eau vient encore ici à notre aide :

Une racine, dont les différentes parties ont déjà subi un commencement d'altération générale, se détériore et pourrit dans l'eau, tandis qu'une racine simplement phylloxérée, en dehors par conséquent de toute altération générale, se conserve dans l'eau pendant des années entières. Il convient cependant pour que les choses se passent comme je l'indique, que cette altération des éléments constitutifs soit suffisamment avancée. Sans cela, la racine placée dans l'eau rentre vite dans des conditions normales; les expériences de MM. Max. Cornu et E. Mer, dont j'ai parlé plus haut, ne démontrent pas autre chose.

Cette observation est utile pour bien apprécier la part qui revient à la lésion due au phylloxera dans la mort des racines d'une vigne.

En résumé, et pour nous renfermer plus particulièrement dans ce qui fait l'objet de cette communication, il est démontré que l'eau, en dehors de la période de végétation, augmente la faculté nutritive des racines, raffermit leur constitution élémentaire et met la plante dans les conditions les plus favorables pour obtenir pendant l'été un beau développement de toutes les parties.

L'effet de l'eau sur la multiplication des radicelles s'explique par ce fait seul que le développement d'un organe est toujours proportionnel à l'activité fonctionnelle de cet organe ; or, l'eau développe prodigieusement les fonctions des racines, et, dans de telles conditions, toutes les forces actives de la plante convergent vers la formation de ces organes d'absorption.

Liebig, dans son ouvrage de chimie organique, démontre

que la faculté nutritive des organes des plantes est toujours en raison directe de la surface de ces organes. Il est donc bien facile de comprendre que si la surface des racines augmente, sous l'influence de l'eau, par suite d'un développement considérable de radicelles, la faculté nutritive de la plante deviendra plus grande.

Depuis l'époque où mes expériences ont été commencées, j'ai rencontré dans différentes collections des faits qui sont venus confirmer les résultats que je signale aujourd'hui. Je me contente d'en citer un seul; il se trouve dans les bulletins de la Société d'encouragement pour l'Industrie nationale, mars 1830, p. 118, et a pour titre : *Manière de faire acquérir au bois la faculté de durer longtemps.*

Les échalas qui servent à soutenir la vigne dans un certain pays pourrissent très-vite et de là résulte pour les viticulteurs une assez grande dépense de temps et d'argent. M. de Marolle propose dès lors de tenir sous l'eau les échalas une partie de l'année, avant de les utiliser, parce que, dit-il, les bois et leur aubier, mis sous l'eau, *deviennent plus durs et moins attaquables par les insectes ;* en conséquence ils doivent durer longtemps. L'aubier dans l'eau acquiert la consistance de la partie ligneuse.

N'est-ce pas là ce qui arrive pour les racines des vignes soumises, pendant l'hiver, à l'action prolongée de l'eau?

La séance est levée à midi.

Dimanche 12 Septembre

DEUXIÈME SÉANCE

Prennent place au bureau M. Bender, président ; MM. Gaston Bazille, sénateur de l'Hérault, Malens, sénateur de la Drôme, Belle, député de la Savoie, Trénel et docteur Pinet, vice-présidents de la Société de Viticulture.

MM. V. Pulliat et Bréheret remplissent les fonctions de secrétaires.

M. le président donne la parole à *M. Oliver*, de Collioure, vice-président du comité d'études et de vigilance du département des Pyrénées-Orientales, chargé de passer en revue les traitements au sulfure de carbone pratiqués dans les différentes régions de la France viticole.

CONFÉRENCE DE M. OLIVER

Messieurs,

C'est pour répondre à la gracieuse invitation de la Société de Viticulture de Lyon, et spécialement à celle de l'un de ses membres les plus actifs et les plus distingués, j'ai nommé mon excellent ami M. Crolas, que je prends la parole pour traiter, non pas *ex-professo*, car j'aurais dû céder ma place à des orateurs plus autorisés que moi, pour traiter, dis-je, la question générale du sulfure de carbone.

Ne voulant pas abuser de votre bienveillante attention, je ne dirai rien ni du sulfure de carbone en lui-même, ni des divers modes d'application, le plus grand nombre d'entre vous ayant déjà vu traiter des vignes par ce toxique. S'il en est quelques-uns qui ne se trouvent pas dans ce cas, je les renvoie aux instructions publiées par la Cie Paris-Lyon-Méditerranée, qu'elle met avec le plus complet désintéressement à la disposition de tous les viticulteurs.

Sans aller plus loin, et puisque l'occasion se présente, permettez-moi d'adresser nos sincères remercîments à son zélé directeur, M. Paulin Talabot, qui a pressenti dans les essais de M. Alliés, dont on tait trop souvent le nom, l'avenir réservé au sulfure.

Quoique je vienne vous entretenir du sulfure de carbone, je ne vous l'offrirai pas comme une panacée universelle, apte à guérir la *vitis vinifera* du terrible aphydien, quelle que soit l'intensité du mal au moment de l'application du remède, et sous tous les climats, et sur tous les sols, secs ou humides, superficiels ou profonds.

Si cet insecticide ne mérite pas tous les éloges que certains sont prêts à lui décerner, il mérite mieux que le discrédit obstiné dont d'autres voudraient l'entourer.

Par cela seul que certaines vignes américaines ne réussissent pas ici, tandis qu'elles prospèrent là-bas, faut-il les proscrire impitoyablement ? Je ne suis pas de cet avis, Messieurs. Il me suffit de les voir résister sur quelques points pour que je les conseille, prenant grand soin de les placer dans des conditions de sol et de milieu qui leur conviennent.

De même pour le sulfure de carbone. Certains propriétaires n'ont pas eu à se louer de son emploi, j'en conviens, mais d'autres, comme nous le verrons plus loin, conservent depuis plusieurs années leurs vignes en plein rapport au milieu de vignobles morts ou mourants. Eh bien, parce que le sulfure ne réussit pas toujours, devons-nous aussi le proscrire ? Nullement. Puisqu'il donne un peu partout de bons résultats, que ces résultats vont s'affirmant d'année en année, et la meilleure preuve est l'augmentation constante de sa consommation, nous devons nous efforcer de rechercher dans quels cas cet insecticide a constamment justifié la confiance du viticulteur.

La règle à formuler est très simple à mon avis : Pour que le sulfure de carbone conserve une vigne phylloxérée, il faut la traiter au début de l'invasion, et quelque faibles que soient les points d'attaque, la traiter en totalité. Il faut de plus que le pal Gastine puisse s'enfoncer, au minimum, de 0^m 25 à 0^m 30 centimètres. Si à ces conditions nous ajoutons, chose essentielle, la surveillance du maître, la réussite est assurée.

J'insiste sur ce dernier point, car le traitement au sulfure de carbone ne doit pas être considéré comme un simple travail agricole, qui vient s'ajouter, malheuresement, à tant d'autres; c'est, si je puis m'exprimer ainsi, un traitement mathématique. Pour que toute la surface de la vigne soit intoxiquée, il faut que les trous soient à une distance déterminée, ni trop près (s'il faut s'en rapporter aux expériences de M. Boiteau, contredites par celles de M. Jaussan), ni trop éloignés du pivot; qu'ils reçoivent une certaine dose de sulfure; qu'ils soient bien bouchés, etc. Une application faite sans soins est une application manquée. Eh bien, je le sais par expérience, car je traite depuis deux ans, nos ouvriers agricoles n'ont pas conscience de l'importance du travail que nous leur confions, et n'apportent pas plus d'attention au traitement insecticide qu'à un simple bêchage. Aussi que d'insuccès qui n'ont d'autre cause que le manque de surveillance du propriétaire. Que de fois n'ai-je pas observé, par exemple, des coups de piston donnés à vide! Si plus tard on examine les souches ainsi traitées, nous constaterons la pullulation du phylloxera, occasionnant l'agrandissement de la tache, et nous irons nous écriant: « le sulfure de carbone est réellement inefficace, » tandis que nous obtenons un résultat diamétralement opposé si nous exerçons une surveillance active.

A cette occasion, je dirai que si les traitements administratifs ne donnent pas des résultats aussi satisfaisants que ceux appliqués par les propriétaires, c'est que l'œil du maître est le plus souvent absent de la vigne, et que la surveillance de l'agent départemental n'est et ne peut pas être effective.

Je regretterais que dans ce qui précède on vit autre chose que la constatation d'un fait, car loin de moi la pensée d'adresser reproche à personne.

Ce ne sont pas seulement les ennemis systématiques du sulfure de carbone qui ont discrédité cet insecticide aux yeux des vignerons; ses partisans les plus convaincus y ont contribué, inconscients, pour une large part, en lui demandant plus que ce qu'il peut donner, c'est-à-dire tantôt le retour à l'état normal de vignes trop fortement attaquées, tantôt l'extinction du mal dans une région nouvellement atteinte.

Pour recommander ce dernier procédé, je dis : ils s'appuyaient (car je présume qu'il n'y a plus en France, ni en Espagne, de partisans de ce système), sur les résultats relativement heureux de la Suisse, oubliant que chez nous, comme chez nos voisins pyrénéens, nous sommes dans des conditions diamétralement opposées. En Suisse, on a traité un mal d'importation pris au début; on a donc pu par des moyens énergiques, puissamment aidés par le climat, le maîtriser. Chez nous, comme en Espagne, le mal se propage par de nombreux essaimages et sur de vastes surfaces; comment dès lors pouvait-on espérer l'éteindre. En admettant que l'on réussisse ici, il envahira par cent autres points là-bas. Ce procédé est donc condamné en France tout aussi bien qu'en Espagne, et avec d'autant plus de raison que nulle part on ne peut citer aucun résultat favorable à son actif, tandis qu'au contraire, en hâtant la mort de la plupart des souches traitées, et faisant perdre des récoltes sur pied à la veille des vendanges, il a jeté du discrédit sur le sulfure de carbone, à tel point qu'aujourd'hui encore, dans certaines contrées, les viticulteurs ne peuvent se résoudre à l'employer à doses culturales, c'est-à-dire dans des conditions où les succès se comptent par centaines.

Les expériences faites soit dans les Pyrénées-Orientales, soit ailleurs, nous prouvent jusqu'à la dernière évidence que si nous pouvons, dans les conditions que j'ai déterminées plus haut, faire vivre la vigne indigène malgré le phylloxera, nous ne pouvons pas la débarrasser complétement de l'insecte. Voilà pourquoi, quand nous avons à traiter une vigne nouvellement phylloxérée, devons-nous seulement appliquer le traitement réitéré à doses culturales (40 grammes pour les deux applications et par mètre carré), sur les taches, et le traitement simple (25 grammes), sur le reste de la vigne. L'année suivante, le traitement simple sur toute la propriété suffira, secondant cette application d'une fumure biennale assez énergique, et que je compose, pour ma part, ainsi qu'il suit :

Tourteau de sésames noirs .... 350 grammes.
Superphosphate de chaux .... 50 grammes.
Chlorure de potassium............... 30 grammes.
le tout par mètre carré, puisque sur les côteaux de Collioure nous plantons à cette distance.

Je ne doute pas de la réussite des traitements par le sulfure aux doses plus haut citées, même sous le climat du midi de l'Espagne, surtout pendant l'hiver.

Dans cette saison, si on a à traiter une vigne à sol peu profond, il est essentiel de retarder l'application jusqu'après la pluie, la terre humide favorisant la diffusion du gaz, et s'opposant, dans une certaine mesure, à sa volatilisation extérieure. L'expérience démontre, d'ailleurs, que l'opération est toujours, dans n'importe quelle circonstance, plus efficace quand le sol est mouillé, mais non inondé souterrainement. Aussi est-il avantageux, si faire se peut, de donner un léger arrosage avant le traitement.

Par les rapports annuels de M. Marion, professeur à la Faculté des Sciences de Marseille, par celui de mon ami et collégue M. Vimont, rapporteur de la commission internationale de Viticulture (année 1878), complété par un second à la suite d'une tournée que certains membres de ladite Commission, et j'étais du nombre, ont entrepris en 1879, et aussi par quelques communications particulières, nous avons été tenus au courant des résultats favorables observés dans diverses régions à la suite des applications du sulfure de carbone. Je ne reviendrai pas là-dessus.

Ce qu'il nous importe de savoir, c'est si les bons effets de l'insecticide ont persisté pendant l'année courante, et si le sulfure de carbone continue à justifier la confiance que certains lui ont accordée dès le début.

Pour vous édifier sur ce point, je n'ai qu'à faire un court emprunt au dernier rapport de M. Marion.

Du 1er janvier au 30 septembre 1877, la Compagnie des chemins de fer Paris-Lyon-Méditerrannée a livré 1.085 barils.

Du 1er octobre 1877 au 30 septembre 1878, 2.382 barils.

Du 1er octobre 1878 au 30 septembre 1879, 4.230 barils.

Du 1er octobre 1879 au 31 mars 1880, 6.253 barils.

Si le relevé des expéditions pour la dernière campagne avait pu être porté jusqu'au 30 septembre 1880, le chiffre de 6.253 barils aurait été presque doublé, puisque l'association syndicale de l'arrondissement de Béziers, à elle seule, a pris livraison de 6.000 barils.

Quand la vente d'un produit va en augmentant d'année en année dans de si fortes proportions, preuve évidente que les propriétaires sont satisfaits de son emploi, c'est là chose indiscutable.

A ceux qui ont encore quelque doute, il ne me reste qu'à leur signaler les nombreux syndicats formés et en voie de formation pour les traitements au sulfure de carbone.

Je pourrais donc m'arrêter là, mais je tiens à vous fournir des faits topiques et précis. Aussi me permettrez-vous de dépouiller devant vous ma correspondance, vous faisant observer que si je n'ai pas tout vu durant l'été 1880, j'ai visité cependant la plupart des vignobles dont j'ai à vous entretenir.

Voulant faire avec vous, Messieurs, une excursion dans tout le Sud-Est, permettez-moi de commencer par mon département.

Quelques jours après la découverte du mal, en mars 1878, la commission départementale traita les vignes de Prades et des environs. Au nombre de celles-ci figuraient une vigne de M. Delaclare, aux Masos, et une de M. Billès, à Catlla, toutes deux prises au début de l'invasion. Leur reconstitution a été si complète, que rien n'indique signe de maladie, et M. Delaclare est tellement convaincu que le sulfure de carbone est le vrai sauveur, qu'il n'hésite pas, m'a-t-on dit, à acheter des vignes quoique phylloxérées.

Durant les années 1879-1880, les traitements ont continué. Les résultats obtenus sont des plus encourageants.

Quelques vignes du Soler, il est vrai, notamment celle de M. Vergès, ont souffert à cause de la nature du sol (argile très compacte), d'une brusque réinvasion automnale, et aussi de l'inexpérience des ouvriers. Mais partout ailleurs, c'est-à-dire à Canohès, Toulouges, Llupia, Thuir, Le Boulou, Tresserre, Bages, Ponteilla et Tautavel, les vignes traitées sont très prospères, principalement celles qui ont subi les traitements de 1879 et de 1880.

Dans beaucoup d'entre elles où le phylloxera est connu depuis l'année dernière, le mal a été enrayé, la tache apparente ne s'est pas manifestée, et la réinvasion, en ce moment, paraît considérablement réduite, sinon supprimée. Je cite au premier rang les vignes de MM. Vilar Jean, du Boulou; Tiffou, de Tautavel; Bailly, de Tresserre, toutes situées sur coteaux, à sol argiloschisteux, moyennement profond et à sous-sol plus ou moins inperméable. Dans ces vignes, au moment du traitement, il s'était déjà formé des taches apparentes n'offrant plus qu'une végétation rabougrie, poussant sur des coursons étiolés. Une mention spéciale pour celles de MM. Coneille, de Toulouges, et Nabona, de Thuir, toutes deux à sol et sous-sol argileux, et prises au début du mal. Aussi est-il difficile de voir une plus belle végétation.

En présence de tels faits probants, les propriétaires sont sortis de leur torpeur et ont formé des syndicats en plein exercice à Tautavel et à Bages, tandis qu'ils sont en voie de formation à Thuir, Millas et Maury.

Ces syndicats, Messieurs, affirment la confiance que les traitements au sulfure de carbone inspirent aux propriétaires intéressés. Et si mon dire a besoin de preuves, je n'ai qu'à vous donner lecture de la délibération du syndicat de Tautavel:

« L'an mil huit cent quatre-vingt et le dix-sept mai, à deux heures du soir, la Commission de défense contre le phylloxera de la commune de Tautavel s'est réunie, sous la présidence de M. Parès-Cabanès, à l'effet de décider si le traitement par le sulfure de carbone serait abandonné ou s'il serait continué.

« Etaient présents: MM. Parès-Cabanès, Tiffou Louis, Sirach-Parès, Bénet Célestin, Sirach-Arago, Chichet, Parès Jean, Landriq Jean et Parès Jules.

« D'après les exposés de M. Campana, délégué départemental, et après délibération et discussions, il a été décidé, à l'unanimité, que le traitement ayant donné de bons résultats (1879), dans notre région, serait continué.

« Pour copie conforme:

« *Le Maire,*

« Signé: F. Sirach. »

De Tautavel au département de l'Aude, il n'y a qu'un pas.

Dans l'arrondissement de Narbonne on a injecté l'insecticide sur 136 hectares, répartis en vingt communes, tandis que la même opération n'a été faite que sur 6 hectares, répartis sur six communes de celui de Carcassonne.

En général, on a eu à se louer de l'efficacité du traitement. Toutefois, les prétendus insuccès de Peyriac-de-Mer, d'Ouveillan, sont venus un moment refroidir la confiance des propriétaires phylloxérés de la région. Les habitants de ces deux communes auraient voulu voir sur leurs vignes la résurrection de Lazare..., les impatients!

Les plus beaux résultats ont été constatés à Coursan et à Cruscades. La végétation des vignes phylloxérées est splendide.

Si on n'a eu qu'à se louer des applications hivernales, il en a été tout autrement, paraît-il, de celles de l'été, puisque dans le numéro 20 de la *Vigne Française*, M. Rousseau, inspecteur des reboisements, secrétaire de la Commission du Phylloxera du département, s'exprime en ces termes: « Le traitement estival des vignes phylloxérées par le sulfure de carbone a soulevé cette année, dans le département de l'Aude, des réclamations si nombreuses et si persistantes que, quelle que soit l'exagération des faits signalés, la masse des agriculteurs éprouve une répugnance de plus en plus accentuée à employer cet insecticide. Pendant l'été les désagréments du sulfure sont notoires, indéniables, malgré l'assurance des personnes qui le patronnent. »

En présence d'un tel aveu que nous ne devons pas accepter comme règle générale, puisqu'il comporte des exceptions, les traitements du mois de juin de M. Alliès, par exemple, je dois répondre à la question suivante: Si le phylloxera vient à être découvert pendant les fortes chaleurs, faut-il renvoyer le traitement insecticide à l'hiver qui suit?

Dans ce cas, il n'y a pas à hésiter ; le sulfure de carbone doit être administré de suite, seulement on doit multiplier les précautions : appliquer le traitement réitéré à faibles doses, 4 à 5 grammes par trou, se hâtant de les boucher très hermétiquement au moyen d'un fort damage; ne l'appliquer qu'à la tache et sur une faible zône de protection, au lieu de traiter la totalité de la vigne.

En opérant ainsi, on réduira dans une très forte proportion les colonies souterraines, et d'autant l'essaimage, sans que les souches se trouvent défavorablement atteintes, si l'affaiblissement de la tache n'est pas déjà trop prononcé; bien mieux, la sève d'août nous donnera des repousses.

Dans le cas contraire, si la tache est trop déprimée, le sulfure de carbone, par l'effet de la dessication passagère qu'il exerce sur les racines, hâtera le dépérissement des souches qui, infailliblement, seraient mortes de l'excès du mal dans le courant de l'année. Un tel résultat ne portera jamais grand préjudice au propriétaire, puisqu'en mettant tout au mieux, il faudrait trois ans de traitement, au moins, pour amener lesdites souches à fruits. L'économie du viticulteur est donc de les voir promptement disparaître pour les remplacer par des enracinés.

Ceci dit, passons dans le département de l'Hérault.

Arrivant dans l'arrondissement de Béziers, j'ai à vous signaler les applications qui ont été faites cette année par 63 propriétaires, sur 1.520 hectares.

Je ne m'étendrai que sur les traitements du domaine de Baboulet, appartenant à M. Jaussan, d'abord parce qu'ils sont les plus anciens, et puis encore parce qu'ils sont les plus concluants.

Dans ce rapport de M. Marion (4e année), figure une *note de M. Jaussan sur les traitements au sulfure de carbone opérés à Baboulet (Hérault), de 1877 à 1879.*

M. Jausssan commence par nous parler des essais qu'il entreprit en 1877 sur la vigne de M. Cros, son voisin. Il nous dit à ce sujet: « La grosseur des bois de taille me fait espérer qu'en 1880, cette vigne pourra produire une demi-récolte. » Eh bien, les espérances de M. Jaussan ont été dépassées, puisqu'actuellement cette vigne est à peu près reconstituée, et que 580 souches, environ, produiront 1.500 kilogrammes de raisins.

Quant à la vigne n° 30, phylloxérée en 1877, et dont la seconde tache jusqu'en 1880 n'avait jamais pu avoir la belle couleur d'une vigne en santé, le jaunissement a disparu, les bords des taches se reconstituent, et le système radiculaire se reforme malgré une invasion de pyrale qui a arrêté la végétation extérieure.

On lit dans le rapport de M. Vinont, rédigé après notre visite à Baboulet, fin août 1879: « Dans les pièces appartenant à divers, descendant vers un petit talus planté d'ormes, nous avions constaté l'année dernière l'existence de plusieurs foyers; un autre se trouvait au bas du talus; chez M. Jaussan (vigne nº 27), la tache est limitée, verte, mais chétive. » Aujourd'hui la tache verte, mais chétive, a disparu. Les souches sont splendides, la plupart avec fruits.

La vigne du canal (nº 29), qui présentait l'an dernier une teinte jaune générale, est très verte, se reconstitue lentement, il est vrai, tandis que celle de M. Mondiès, en voie d'arrachage, en 1879, est totalement perdue.

Cette année, toutes les souches ont reçu au pied une injection de 10 grammes, et aucun accident n'est arrivé. Cette observation nous démontre qu'en fait de sulfure, comme en fait de plants américains, il y a aussi une question d'adaptation, puisque ce qui échoue dans la Gironde réussit dans l'Hérault.

Quoiqu'il en soit, on doit, en général, ne pas administrer cette injection.

Fin août, aucun symptôme de réinvasion apparente ne se manifestait chez M. Jaussan.

En résumé, la végétation de Baboulet est luxuriante, et le contraste avec les vignes voisines rend ce fait encore plus frappant. Vous ne serez donc pas étonnés d'apprendre que les plus basses estimations sont que M. Jaussan récoltera sur son vignoble de 80 hectares, 8.000 hectolitres de vin, c'est-à-dire une récolte supérieure à la moyenne des dix dernières années, qui n'a été que de 7,127 hectolitres, et ce, moyennant une dépense totale pour frais d'exploitation et traitement de 78.000 francs.

M. le docteur Despetis estimait, en présence de MM. Robin, Lajeunie et moi, que dans ces trois dernières années, grâce aux traitements au sulfure, dont le coût s'élève ensemble à 40,000 francs, M. Jaussan a sauvé de 10,000 à 12,000 hectolitres. Et moi j'ajoute qu'il a conservé à son domaine la valeur d'un vignoble.

M. Jaussau peut donc se montrer fier, à bon droit, de ses succès, qui sont venus récompenser une rare énergie.

J'avais déjà fini la partie de mon rapport ayant trait à Baboulet, quand j'ai reçu de l'imprimeur, M. Hamelin, une épreuve du rapport de M. Gustave Giret, sur une visite faite au même domaine par une Commission du Comice de Béziers, composée de MM. le docteur Despetis, Guy, Vidal, Decor et le rapporteur. Je ferai remarquer que deux des membres de cette commission ne cultivent que des vignes américaines. Vu leur autorité en la matière, je ne puis laisser passer sous silence ce document : « En continuant à parcourir le vignoble de Baboulet, dit « le rapporteur, nous arrivons partout à la même conclusion : « c'est-à-dire qu'autour des premières souches dont l'invasion « remonte à 1877 ou à 1878, nous trouvons une magnifique « végétation et beaucoup de fruits. Les taches primitives ne se « sont pas agrandies et le mal est complétement arrêté. Par « conséquent, M. Jaussau a eu raison de persévérer dans l'em- « ploi des traitements au sulfure de carbone. »

Ces conclusions sont confirmées par une lettre de M. de Beauxhostes, président du Comice de Narbonne, qui m'écrivait le 5 courant, de retour de Baboulet avec une délégation du dit Comice : « D'après ce que nous avons vu, l'application du sul- « fure de carbone faite selon de bonnes méthodes est donc un « moyen efficace de maintenir la vigne. Cette affirmation est « fondée sur des faits authentiques. Elle peut ne pas être ad- « mise par ceux qui n'ont pas examiné, elle ne peut plus être » niée pour tout homme qui a pris la peine d'aller constater sur « place les résultats certains. »

Pouvons-nous quitter les environs de Béziers sans faire une mention spéciale du beau vignoble de M. Grégoire, à Saint-Adrien.

Les 130 hectares de vignes que ce hardi propriétaire dispute avec succès au phylloxera, viennent fortifier l'espérance que l'on emporte de Baboulet.

Si je ne craignais de trop m'attarder dans l'Hérault, je vous accompagnerais chez M. Henri de Grasset, à Pézénas. Là encore mêmes traitements et mêmes succès.

Sur cette ligne de bataille, le Gard lui-même, qui n'a presque que des vignes à reconstituer, reprend sa place, puisque des traitements au sulfure ont été opérés, en 1880, dans les arrondissements de Nîmes, d'Alais, d'Uzès et du Vigan.

Dans la séance du 24 septembre 1879 du Congrès viticole de Nîmes, M. Causse, président de la Société d'agriculture du Gard, nous a dit qu'il se proposait de continuer l'année prochaine l'emploi du sulfure de carbone, ce qu'il a fait. Il a donc traité ses vignes de Sommières, d'une contenance de 2 hectares et demi, soumises depuis trois ans au régime du sulfure de carbone. M. Causse a lieu d'être satisfait des résultats, car ses souches sont prospères et présentent une végétation de plus en plus belle.

Cette année, malgré un peu d'anthracnose, il aura une assez bonne récolte. Ses vignes, il est vrai, sont plantées dans un sol d'alluvion très profond.

M. Causse applique le traitement réitéré au mois de mars, et nonobstant, la dépense ne dépasse pas 140 francs l'hectare.

Comme on ne cesse de le conseiller, cet habile viticulteur a complété l'opération par une bonne fumure additionnée de chlolure de potassium.

En présence de cette réussite complète, M. Causse m'écrivait il y a quelques jours : « J'estime donc qu'on peut dans notre « département employer utilement le sulfure de carbone dans « tous nos sols facilement perméables au pal, et pouvant donner « un rendement en vin, au minimum de 70 hectolitres. »

Il va sans dire que selon la qualité des vins récoltés, un rendement moindre permettra de parer aux frais du traitement.

Les Bouches-du-Rhône nous fournissent le plus beau champ d'expériences à visiter, le Cap-Pinèdes, à Marseille.

Passons cependant, car j'ai hâte de serrer la main au vieux lutteur, M. Alliès, et de visiter son domaine de Ruyssatel, près Aubagne.

Vous savez, Messieurs, que c'est M. Alliès qui, en 1874, reprit les expériences du sulfure de carbone, complétement délaissé après les insuccès de MM. Monestier, Lantaud et d'Ortoman, et que ses succès relatifs éveillèrent, en 1876, l'attention du Conseil d'administration de la Cie Paris-Lyon-Méditerranée.

Depuis 1874, j'insiste sur cette date, M. Alliès conserve ses vignes par le sulfure de carbone.

Au début, cet intelligent propriétaire appliquait le remède à plusieurs reprises dans la même année.

En ce moment les vignes de Ruissastel sont très belles. La végétation, après l'arrêt habituel d'août, vient de reprendre, et la dépression que nous avions constatée l'année dernière n'apparaît plus. Les grappes sont grosses, quoique la coulure les ait éclaircies. Malgré cela, au dire des gens du pays, il y aura récolte ordinaire, quoique M. Alliès n'ait appliqué qu'un seul traitement simple, fin octobre 1879, de 30 grammes par mètre carré et demi de surface.

M. Alliès a fumé son vignoble au commencement de 1880, à raison de 1 kilogramme de fumier de ferme par pied. Faible fumure, assurément.

Comme chez M. Jaussan, les succès de M. Alliès sont d'autant plus apparents que les vignes voisines disparaissent de plus en plus.

Visitant Ruissatel, on ne peut pas se dispenser de se transporter dans la vigne Gourde-Roubeaux, signalée pour la première fois par M. Vimont.

Elle a reçu, en octobre dernier, un traitement simple à 30 grammes, et on lui donne une fumure biennale.

La végétation de toute la vigne est très belle, la récolte abondante, l'exposition au Midi ayant favorisé la floraison.

Commencement septembre on ne trouvait pas d'insectes. Aussi maître Paul Gourde se réjouit-il d'avoir suivi les conseils de son voisin.

Encouragé par les magnifiques succès de Ruissatel, M. Alliès se décida, durant l'hiver 1876-1877, à planter la vigne à Jarret (banlieue de Marseille), dans un terrain très profond et très fertile.

M. Vimont constata dans son rapport de 1879 que ladite vigne était belle de vigueur. Ce jugement ne doit pas être modifié aujourd'hui, grâce aux deux traitements insecticides d'octobre 1879 et juin 1880, car dans le courant de ce mois, M. Alliès avait observé une forte réinvasion.

A une demande de renseignements de ma part, voici la réponse que m'a adressée M. Meunier, de Pradel, près Toulon, le 1er septembre courant : « J'ai obtenu avec le sulfure de carbone « un résultat inespéré sur les 10 à 12 hectares de vignes qui me « restent. Elles ne sont pas sans doute aussi florissantes qu'a- « vant l'invasion, mais elles sont en bien meilleur état que lors « de votre dernière visite. Cette année, malgré la sécheresse, « jusqu'à fin juin je n'ai plus trouvé d'insecte, ce qui a permis « à mes vignes d'émettre des racines en assez grand nombre.

« J'espère donc, sinon les guérir radicalement, du moins les « conserver longtemps encore en faisant chaque année une « simple application du sulfure. »

Pouvant soutenir comparaison avec les magnifiques vignobles que nous venons de visiter, est la propriété de la Villarde, au clos de l'Hermitage, commune de Tain (Drôme).

L'inspection du champ d'expériences de la Commission contre le Phylloxera du Rhône, à Saint-Germain-au-Mont-d'Or, vous convaincra jusqu'à la dernière évidence que, sous le climat du Beaujolais, le sulfure de carbone peut nous conserver les vins exquis de ce crû.

Dans l'Ouest, Messieurs, même succès que dans le Sud et l'Est.

Dans la Gironde, nous apprenons par le mémoire de M. le Docteur Micé, ex-président de la Société d'agriculture, qu'on ne peut pas taxer de partialité à l'égard du sulfure de carbone, puisque son rapport de 1878 concluait « que dans le Bordelais « la confiance dans les insecticides allait en faiblissant, tandis « que celle dans les plants américains augmentait, » nous apprenons, dis-je, que dans les applications de l'hiver dernier le sulfure de carbone a réussi dans la plupart des circonstances.

Le Libournais, lui encore, n'a qu'à se louer, puisque M. Boiteau écrivait, en juin dernier, à l'Académie des sciences : « Les « vignes que nous avons traitées depuis trois ans sont dans un « état de végétation qui ne laisse rien à désirer. Les accidents « survenus par suite des traitements intempestifs des deux « premières années sont presque effacés, et l'on se figurerait

« difficilement l'état dans lequel se trouvaient ces vignes il y a « deux ou trois ans. »

Ces faits me sont d'ailleurs confirmés par une lettre du 1er juillet de mon confrère, M. Falières, que je regrette, et avec moi tous les amis de la viticulture, de devoir qualifier de secrétaire général de l'*Ex-Association viticole de Libourne.* « Cette « année, me dit-il, les résultats sont chez nous très remarquables « et effacent la mauvaise impression que vous aviez rapportée de « l'avant-dernière campagne. On peut déjà affirmer, avec certi- « tude, que la cause du sulfure de carbone est gagnée autour « de nous. Je ne dis pas que tous ceux qui devraient l'ap- « pliquer l'appliquent; mais on ne trouve presque plus de « contradicteurs de son efficacité. »

Voulant abréger ma communication, je ne vous parlerai pas de l'économie du procédé que j'applique depuis deux ans à Collioure, et que je vais continuer cet hiver.

Je traite mes vignes, non plus au point de vue curatif, car je n'ai pas encore le phylloxera, mais uniquement pour retarder autant que possible les signes extérieurs du mal, c'est-à-dire pour contenir, dès son début, le phylloxera dans des limites très restreintes.

Ceux d'entre vous, Messieurs, qui voudront m'imiter, n'ont qu'à demander ma brochure : *Les traitements préservatifs*, dont j'ai déposé un certain nombre d'exemplaires sur le bureau de la Société Régionale de Viticulture du Rhône.

Permettez-moi de vous dire, cependant, qu'ainsi que M. Boiteau dans le Libournais, je constate que mes vignes traitées ont une végétation plus belle que celles de mes voisins, qu'elles-mêmes sont plus luxuriantes qu'avant mes premières applications.

J'explique ce fait, non pas en ayant recours à l'action stimulante du soufre du sulfure de carbone qui pourrait amener l'assimilation plus complète de quelque agent de végétation, mais uniquement parce que le sulfure débarrasse aussi la vigne d'une quantité de larves ampélophages, telles que Vesperus, Gribouri, Rhizotrogus, etc., et peut-être aussi de certains mycéliums qui, sans amener la mort rapide des souches, les minaient sourdement.

Mais, m'objectera-t-on : quoique ne contestant plus les bons effets du sulfure de carbone contre le phylloxera, ce procédé est inapplicable dans la plupart des vignes, soit qu'elles ne puissent pas supporter le surcroît de dépenses du traitement (150 francs par hectare en moyenne), soit que, situées sur côteaux, la couche végétale soit trop mince. Alors, Messieurs, n'hésitez pas à substituer aux cépages indigènes les plants américains résistants. La réussite est à peu près certaine si vos terres ne sont pas blanches.

Toutefois, agissons au début avec grande prudence. Les faits observés par ci par là, sur les riparias, tant vantés jusqu'à ce jour, nous commandent cette réserve.

Dans quelque temps d'ici, si les essais tentés continuent à donner de bons résultats, il arrivera que des vignes auxquelles on refuse le traitement au sulfure pour cause du surcroît de dépenses, pourront être conservées par cet insecticide, celles-ci se trouvant réduites de moitié, c'est-à-dire à 75 fr. l'hectare.

A la page 147 du rapport de la Commission internationale, il est dit : « N'arrivera-t-il pas un instant où la vigne refaite, « mise en état par conséquent de supporter, comme la première « fois, une ou deux années de nouvelles attaques, le traitement « pourrait être suspendu ? Cette possibilité ne verra-t-elle pas « augmenter ses chances, par ce fait de la diminution cons- « tatée, arrivant peut-être à la nullité presque complète de la « réinvasion annuelle de juillet ? Et pour cela une nouvelle « présomption ne se trouverait-elle pas encore au profit des « vignes situées en plein massif traité ?

« Cette idée, alors que l'on ne poursuit d'autre but que de « mettre la vigne en état de tolérance vis-à-vis de l'insecte, « acquiert, au point de vue économique, une grande importance. « Bien des chances, *à priori*, lui semblent acquises. Mais, en « ces sortes de questions, l'expérience est la grande maîtresse, « et c'est à elle que doit rester le dernier mot.

« M. Albert Piola, président de l'association viticole de Li- « bourne, est déjà entré dans cette voie. Sa vigne du Clos- « Cadet va être alternativement fumée et traitée, et d'ici « quelques années nous serons fixés sur ce point. »

L'expérience, cette grande maîtresse à laquelle faisait appel le savant rapporteur, M. Vimont, a parlé, et dans le sens qu'il présumait, puisqu'à la page 16 du rapport de M. Marion *sur les travaux phylloxériques de* 1879, nous lisons ce qui suit : « Une application culturale à raison de 30 grammes par mètre « carré, en deux injections réitérées à cinq ou six jours d'inter- « valle, a produit ordinairement dans nos champs d'expériences « de Marseille, des effets insecticides parfaits. Au bout de deux « années d'un traitement de ce genre, complété par des injec- « tions partielles en été sur les petits foyers de réinvasion, la vigne « du Galetas a été suffisamment débarrassée de ses parasites « pour demeurer toute une année (1879) sans application. En « juillet 1879, la réinvasion ne s'était pas encore manifestée, et « ce n'est que vers la fin de l'automne, c'est-à-dire plus d'un « an après la dernière injection, que les pucerons se sont « montrés.

« Le même phénomène s'est produit dans le vignoble de « M. Verduron, où un sol argilo-calcaire compacte et profond « a permis une diffusion bien régulière. Ici un seul traitement « réitéré a été opéré chaque année, en 1878 et en 1879. Les « pucerons ne se sont montrés ni en juillet, ni en août, ni en « septembre 1879. L'hiver a pu se passer sans traitement, et les « colonies souterraines, autrefois si abondantes, ne se sont « point encore rétablies en avril 1880. On doit s'attendre cette « année, pendant laquelle aucun traitement n'a été effectué, à « une réinvasion en juillet. Mais nous supposons qu'elle ne « sera pas générale et qu'elle ne nuira pas au vignoble qui « aura pu passer ainsi une année sans opération. »

Et les faits ont répondu à l'attente de M. Marion.

Des résultats tout aussi heureux ont été constatés dans le Libournais, d'après la communication de M. Boiteau à l'Académie des sciences : « Dans les contrées généralement humides, « il est démontré, dit-il, que, si l'on prend une vigne tout à « fait au début du mal, il est possible de la maintenir en bon « état de santé, en lui appliquant un seul traitement cultural « tous les deux ans. Pour les vignes très malades, il faut persé- « vérer pendant trois années dans les traitements consécutifs ;

« ce n'est qu'après cette période qu'on peut les alterner. »

En présence de succès aussi démonstratifs que ceux que je viens de passer en revue, y a-t-il quelque témérité, je vous le demande, Messieurs, à espérer la conservation d'une partie des vignes existantes ?

Et cependant, quelle que soit la confiance que m'inspire le sulfure de carbone, je n'irai pas jusqu'à vous conseiller de reconstituer vos vignes perdues par les plants indigènes. Le sulfure de carbone, pratiquement, ne doit servir qu'à la conservation des vignes existantes, et sa mission est déjà très belle.

Quant à la reconstitution des vignobles détruits, elle doit être faite avec des plants américains qui nous offrent, sinon une résistance absolue, du moins une résistance plus forte que la Vinifera, propriété qui nous permettra, au besoin, de rendre moins fréquents les traitements insecticides.

On doit d'autant moins hésiter aujourd'hui à agir de la sorte que, si nous ne voulons pas récolter du vin américain, que certains traitent de détestable, sans exception, tandis qu'il en est de bon, non pas comme vin de grand crû, nous pouvons assez rapidement, grâce à la greffe et aux indications précises fournies par M. Champin dans son excellent ouvrage, qui devrait être entre les mains de chaque viticulteur, retrouver nos anciens produits.

Si je ne craignais d'anticiper sur les conseils que nous donneront les orateurs inscrits pour parler sur les vignes américaines, je réfuterais en détail le reproche que l'on va m'adresser : Mais alors vous maintiendrez des foyers permanents dans votre vignoble.

Permettez-moi, Messieurs, de le faire en peu de mots.

Quels que soient les soins que nous apportions à nos traitements insecticides, quelle que soit l'efficacité du procédé employé, un certain nombre de phylloxeras échappent toujours à l'action du toxique ; les recherches de MM. Faucon, Foex et Marion nous l'ont démontré. Eh bien, si nous savons faire nos choix parmi les porte-greffes, si nous prenons des Vialla, des York's-Madeira, des Solonis, des Riparia, etc. leurs racines ne portent pas plus de phylloxeras que nous n'en avons épargnés par l'insecticide. Bien plus, les rares phylloxeras observés sur ces racines américaines sont tellement petits, tellement souffreteux, que je ne serais pas étonné que l'on constatât un jour que jamais ils ne se transformeront en ailés.

J'ai fini, Messieurs, et mes dernières paroles seront un appel à la conciliation.

Partisans des insecticides ou des plants américains, tendons-nous une main fraternelle, marchons en rangs serrés au combat, nous prêtant mutuel appui ; c'est le seul moyen de vaincre notre redoutable ennemi, et de voir revenir, enfin, nos belles vendanges, et avec elles le bien-être que, depuis trop longtemps, hélas ! le Phylloxera a chassé d'une grande partie de la France, menaçant nos voisins du même sort.

M. le Président donne la parole à *M. L. Jaussan*, propriétaire, Vice-Président du Comice agricole de Béziers.

CONFÉRENCE DE M. L. JAUSSAN

Messieurs,

Dans une assemblée comme celle où j'ai eu l'honneur d'être convié, au sein de laquelle vont être discutées des questions si importantes, puisqu'il s'agit de la conservation de nos beaux vignobles, de la prospérité et, on peut le dire, de l'avenir de notre pays, on serait bien blâmable d'apporter des idées préconçues et de fermer volontairement les yeux à la lumière, de quelque côté qu'elle vienne.

Si, pour atteindre le but si désiré que nous poursuivons, nous différons dans le choix des moyens, si tel procédé a notre simpathie plutôt que tels autres, ne le considérons pas comme le seul vrai, ne les rejettons pas ; de leur combinaison peut-être sortira le salut.

Savants et agriculteurs, nous apportons ici en toute sincérité le fruit de nos études, de nos observations pratiques. Si la solution absolue n'est pas trouvée, il n'en peut résulter toujours qu'un bien immense ; la certitude que chacun veille ; et comme conséquence l'espoir.

Le vignoble français est divisé en deux parts; l'une envahie dès le début est complètement perdue. Les fourrages, les céréales ont remplacé les vignes qui faisaient l'orgueil et la richesse de leurs propriétaires.

L'autre, encore à l'état d'invasion, est encore debout, mais s'émiette peu à peu sous les attaques incessantes de son impitoyable ennemi. Dans quelques années elle aura subi le sort de la première.

Il faut donc reconstituer la première et conserver la seconde.

C'est bien, en effet, la première pensée qui s'impose de conserver ce que l'on a; tous nos efforts doivent y tendre et combien les efforts doivent être énergiques quand le bien que l'on veut sauver s'appelle *La Vigne*, ce bien inestimable dont nous ne connaîtrons réellement la valeur que quand nous l'aurons perdu.

J'ai l'honneur, Messieurs, d'être membre du Comice agricole de Béziers, de l'Hérault, ce département qui tenait la tête dans la production du vin. Son rendement, qui était en moyenne de treize millions d'hectolitres, qui était arrivé à quinze millions, est descendu aujourd'hui à quatre millions d'hectolitres. Le vignoble de Lunel, le plus beau, le plus fértile entre tous, a été détruit en trois ans à peine. C'est vous dire si nous avons été témoins d'éclatants désastres. Ce qui reste de notre prospérité, c'est une partie de l'arrondissement de Béziers, un quart environ, que nous cherchons à arracher au fléau.

J'ai l'heureuse chance, Messieurs, de me trouver dans cette zone privilégiée, d'avoir encore des vignes. Attaqué dès 1877 sur 12 hectares, je le fus en 1878 sur 45 et enfin en 1880 sur 80 hectares qui composent ma propriété.

Plein de cette conviction qu'il fallait à tout prix essayer de conserver mon bien, que je ne devais pas avoir le regret de le voir périr sans avoir tenté de le défendre, j'entrepris la lutte, et béni soit le jour où cette heureuse pensée m'est venue.

Aujourd'hui, mon vignoble, à part les cicatrices laissées par les premières attaques, est intact. Parmi les taches apparentes et constatées en 1877, plusieurs sont entièrement reconstituées, d'autres, par suite de circonstances particulières dont je me rends maintenant bien compte, ne sont pas encore remises; ce ne sera qu'une question de temps et de patience. Les faits analogues qui se sont produits sur d'autres points me permettent de l'affirmer.

Par contre, j'ai le regret de le dire, mes voisins sont à peu près perdus.

L'arme que j'ai employée est le sulfure de carbone, c'est donc de lui seul que je vais avoir l'honneur de vous entretenir.

Le sulfure de carbone est trop connu aujourd'hui pour que je vous dise qui il est. Vous le savez aussi bien et mieux que moi. Je passerai donc rapidement. Conseillé par M. le baron Thenard, il fut essayé en 1873, à Montpellier, par M. Monestier, Lautand et d'Ortoman. Les expériences eurent lieu le 13 et 19 août. On piqua autour des souches à 0, 80 de profondeur et à 0, 25 ou 0, 30 du pied des souches, 3 trous dans lesquels on injecta 70 grammes de sulfure de carbone plus un 4e trou à l'intersection des deux diagonales dans lequel on injecta 100 grammes, en tout 310 grammes par pied, soit 317 grammes par mètre carré; la vigne étant plantée à 1 m. 50.

Au bout de quelques jours l'effet insecticide fut foudroyant : tous les phylloxeras avaient été tués; mais la vigne aussi fut tuée. Elle n'avait pu résister à cette dose énorme.

A cette époque, les effets du sulfure de carbone n'étaient pas scientifiquement étudiés, l'état de délabrement dans lequel se trouve une vigne phylloxerée, alors même qu'elle n'est qu'à la première période de la maladie apparente, n'était pas connu; on ne peut se rendre compte de cette catastrophe. Le remède pensa-t-on était pire que le mal; on renonça à s'en servir.

Cette première impression fut si profonde qu'elle subsiste encore, et c'est elle qui a apporté le plus grand obstacle à la vulgarisation du procédé.

Néanmoins, le fait de la destruction de l'insecte en pleine culture, fait qui ne s'était pas encore présenté, éveilla l'attention de quelques hommes intelligents et chercheurs infatigables. M. Rohart, chimiste, dont le nom est devenu si populaire dans l'industrie, supposa que cet effet déplorable provenait d'une évaporation trop rapide du sulfure de carbone; il le

5

combina avec le coaltar et, pour le ralentir encore, il l'emprisonna, c'est le mot imagé qu'il employa, dans des cubes en bois d'abord, plus tard en gélatine.

L'insecte fut tué sans dommage pour la vigne.

En même temps, M. Alliès, chef de bureau des armements aux Messageries maritimes et propriétaire à Ruyssatel, près d'Aubagne, de vignes phylloxérées, crut que cela pouvait bien être attribué à une question de dosage et se demanda s'il n'y aurait pas une limite à laquelle le sulfure de carbone, conservant une force insecticide suffisante, serait inoffensif pour la vigne.

Il diminua graduellement les doses et le succès répondit pleinement à son attente. La dose à laquelle il s'arrêta fut 25 à 30 gr. par mètre carré, dosage qui a été scientifiquement confirmé depuis.

C'est à M. Alliès que revient l'honneur d'avoir le premier employé le sulfure de carbone pur à petites doses, d'avoir pressenti et indiqué les principes fondamentaux de son application, principes qui, j'en ai la conviction, nous permettront de lutter victorieusement contre notre ennemi.

Vers la même époque, la Compagnie P.-L.-M. émue des pertes qu'éprouvait son trafic par suite de la destruction des vignobles de Vaucluse, du Gard et d'une partie de l'Hérault, forma, sous l'initiative et l'énergique impulsion de M. Talabot, son directeur, une Commission destinée à expérimenter sérieusement les procédés déjà connus qui avaient paru donner quelques heureux résultats.

Cette Commission, composée de MM. Marion, professeur de zoologie à la Faculté des Sciences de Marseille ; Catta, professeur d'histoire naturelle au Lycée ; Gastine et de Lamolère, inspecteurs de la Compagnie, se mit résolument à l'œuvre ; mais ses recherches furent infructueuses.

La Commission eut alors connaissance des essais faits par M. Alliès ; elle en constata le succès et, avec son autorisation, entreprit une étude rationnelle et scientifique du sulfure de carbone et de son action.

Je n'ai pas à vous détailler, Messieurs, ces études si patientes, si instructives; je vous dirai seulement que le dosage à employer, l'étendue de diffusion du sulfure de carbone, les meilleures époques d'exécution des traitements, les conditions particulières favorables ou défavorables qui doivent y présider, furent expérimentalement déterminés de la façon la plus précise. La formule qui doit nous guider dans le traitement de nos vignes fut nettement définie.

De plus, une fois les effets du sulfure de carbone bien évidemment confirmés et constatés, la Compagnie P.-L.-M. a fait tout ce qu'il était humainement possible de faire pour que cette vérité parvienne aux interessés. Le sulfure de carbone nous a été envoyé franc de port dans toutes les gares du réseau; des moniteurs expérimentés ont été mis gratuitement à notre disposition pour initier nos ouvriers aux détails de cette opération si importante.

Si le succès est une récompense, la Compagnie doit être satisfaite. L'emploi du sulfure de carbone a éprouvé une progression considérable et constante. L'arrondissement de Béziers qui, en 1878, avait consommé 1.050 barils, en a consommé plus de 5.000 en 1880; et la Compagnie, en prévision des traitements, pour la campagne 1880-1881, a passé des marchés pour 12.000 barils.

Sur ce nombre, 6.000 sont déjà demandés à ce jour par notre arrondissement.

Parallèlement à la Compagnie P.-L.-M., l'Association viticole de Libourne, sous la direction d'hommes éminents que des circonstances déplorables viennent d'enlever à la noble mission qu'ils avaient entreprise, MM. Albert Piolat, président, Falières secrétaire général, docteur Crolas, Giraud et bien d'autres, faisait les mêmes études quant au dosage, aux circontances particulières des traitements. Ces expériences se confirmant les unes par les autres dans des conditions si différentes de sol, de cépage, de climat, devaient forcément donner à ces appréciations une autorité indiscutable.

Aussi, Messieurs, je ne crains pas de trop m'avancer en disant que notre plus vive gratitude doit être acquise à ces vaillants pionniers.

Si nous sauvons nos vignes encore debout, si nous reconstituons par le même moyen notre vignoble détruit, ce vignoble le plus beau fleuron de la couronne agricole de la France, c'est à eux que nous le devrons : sans eux ce sauveur providentiel serait resté dans l'oubli.

Un rémède, quelque efficace qu'il soit, n'importe l'ordre d'idées dans lequel on veuille se placer, ne produit jamais son effet instantanément ; il est soumis à certaines règles en dehors desquelles, malgré son efficacité, il ne peut agir que faiblement, souvent même pas du tout. Dans le cas qui nous occupe, ce don d'instantanéité peut encore moins être demandé. La vigne, même à la période de maladie où elle commence seulement à fléchir, à prendre la teinte jaune particulière que vous connaissez si bien tous, a déjà ses racines pourries, gangrenées ; l'insecte supprimé, elle ne remplace ses organes d'absorption perdus, par des organes nouveaux, par de nouvelles radicelles, que peu à peu et en raison de la richesse du sol, de la qualité du cépage, de l'état de vigueur du sujet.

Assurément serait bien osé celui qui viendrait vous dire que la submersion n'est pas efficace.

Il a bien fallu pourtant à M. Faucon, cinq années pour reconstituer son vignoble détruit.

Il est incontestable que ce qui a fait le plus de tort à l'emploi persistant des insecticides, c'est l'impatience que l'on a éprouvée de voir se produire un résultat éclatant. On a traité une souche flétrie, jaune, végétant à peine et l'on aurait voulu, quelques mois après, la voir couverte de pampres luxuriants et d'une récolte abondante.

On n'a pas été conséquent avec soi-même.

Tous les viticulteurs savent très bien que si, par exemple, on laboure une vigne jusque-là travaillée à la main, on coupe quelques racines, des plus superficielles ; et qu'il suffit de cette ablation pour que cette vigne, bien que plus soigneusement fumée et cultivée, reste deux ou trois ans triste et souffreteuse.

Pourquoi ne pas l'admettre pour la vigne phylloxérée sur laquelle les racines sont non-seulement coupées, mais décomposéees sous l'influence d'un virus si violent, que, quelques soins qu'on lui donne, elle ne vivra que deux ans, trois ans au plus si on l'abandonne à elle-même.

A bien considérer cependant, ce résultat négatif aurait pu être la source d'une indication précieuse. Si la souche aux racines pourries une fois débarrassée de l'insecte ne présentait pas des symptômes de reconstitution assez satisfaisants, peut-être qu'en opérant sur une vigne dans un état de maladie moins avancé, ce résultat si désiré se produirait-il plus tôt. De là à traiter avant que le mal ne soit devenu trop grave, il n'y a qu'un pas. C'est ce que me disait M. Alliès lorsque je fus mis pour la première fois en rapport avec lui, en 1876 :

« Il faut être attentif à l'arrivée ou à la présence du puceron « et le combattre par de petites doses répétées de sulfure de « carbone. Alors l'effort sera facile et peu coûteux, et vous « n'éprouverez pas de diminution sensible dans la récolte ; « mais si vous attendez, au contraire, qu'il ait séjourné impu- « nément un an ou deux sur les racines, il faudra beaucoup « de temps, et une dépense considérable, pour reconstituer le « système radiculaire détruit. »

C'est dans ces quelques lignes si simples, si logiques, si vraies, qu'est contenue toute la théorie du traitement par le sulfure de carbone des vignes phylloxérées, et non-seulement par le sulfure de carbone, mais encore par tout insecticide, quel qu'il soit, ou procédé destiné à supprimer l'insecte, submersion, sulfocarbonates, etc. Chaque fois qu'il m'a été possible de m'y conformer, le succès a été tel que je pouvais l'ambitionner.

Ce sont ces sages conseils que j'ai condensés dans une courte formule; c'est la seule chose dont à ce sujet je revendique la paternité !

Vigilance, énergie, patience.

Patience sans limites, surtout quand la vigilance est en défaut.

La vigilance consiste à découvrir l'arrivée ou la présence du puceron. Elle doit être incessante, mais on s'évitera beaucoup de peine en se persuadant bien qu'en pays à l'état d'invasion, on doit renoncer à toute explication, quelque ingénieuse qu'elle soit, d'un fait anormal qui se passe dans le vignoble;

taille hâtive ou tardive, travail par temps humide ou sécheresse prolongée, sous-sol pierreux ou aqueux, etc., etc. Si vous ne trouvez pas le phylloxera, soyez sûr que vous ne l'avez pas bien cherché ou su chercher; s'il n'y est pas, il doit y être; c'est ce que me disait un jour un homme d'une haute sagesse et d'une grande expérience, M. Emilien Giret, notre président.

Que l'on soit bien convaincu que, quand le phylloxera fait son apparition dans un vignoble :

Quelques légers que soient les symptômes par lesquels il manifeste sa présence ;

Quelque pessimiste que l'on soit ;

Quelqu'exagération que l'on croie mettre à l'appréciation du mal ;

On est toujours au-dessous de la vérité.

Que, quelque rapide que soit la décision prise et exécutée, on traite toujours une année trop tard.

Ce que vous me permettrez d'appeler des axiomes, je les citais il y a un an à une des réunions de notre comice ; je le disais avec une conviction d'autant plus grande, que c'était le fruit d'une expérience dont j'avais payé les frais. Je me croyais bien sûr de moi, car depuis longtemps je ne cessais de répéter, au point d'en devenir importun, qu'il fallait sans hésitation traiter en entier toute vigne, quelque grande qu'elle fût, quelque minime que fût le point d'attaque, et cependant je dois faire amende honorable, j'ai failli deux fois, je n'ai pas suivi les conseils que je donnais, et pas plus tard que l'année dernière, pendant les traitements de 1879.

Une grande vigne, rectangle très allongé, de 10 hectares, part de la campagne perpendiculairement vers la grande route; en 1878, je constatai l'existence de plusieurs foyers dans la partie avoisinant la route. Je traitai seulement un tiers de la vigne, celui dans lequel étaient compris les foyers, et arrêtai le traitement à 40 mètres du dernier. La vigne avait été splendide, je ne trouvais pas d'insectes, je m'en tins là. Fin septembre, toute la partie non traitée était envahie, de grands foyers se déclarèrent. J'ai traité cet hiver, mais les traces en subsistent malgré une fumure énergique ; il me faudra au moins deux ans pour les remettre complètement, et même encore j'aurai des vides à leur centre, car il y a des souches si affaiblies que je doute de pouvoir jamais les rétablir. Les racines sont toutes pourries.

Si j'eusse tout traité, j'aurai cru faire une dépense de luxe. Un de mes ouvriers me le disait encore ces jours derniers. Si vous aviez traité toute la vigne, me disait-il, j'aurais pensé que vous en étiez bien le maître, mais que vous jetiez votre argent à la rivière.

Il se trompait grandement et moi aussi.

Si cependant j'avais été alors aussi soupçonneux que je le suis aujourd'hui, j'aurais regardé comme des signes positivement indicateurs, des plaques légèrement jaunissantes que j'avais remarquées à l'automne de 1878, sur les points où se sont précisément déclarés des foyers actuels; mais la vigne était très belle; le sous-sol est un banc d'argile calcaire très compacte et de profondeur variable. Sur ces points, la couche imperméable devait être plus relevée, de là le pâlissement observé. Je ne trouvais pas d'ailleurs de phylloxeras.....

Il n'en était rien. C'était bien l'ennemi.

Ainsi donc pas d'hésitation; il faut traiter sur le moindre soupçon. Je conseillerais même, cela va paraître exagéré, mais je le ferais pour moi si j'avais d'autres vignes à pouvoir traiter, je conseillerais, dis-je, de bien se garder de faire des fouilles pour constater par corps la présence de l'insecte. Elles peuvent être la source de graves erreurs. La vigne que vous craignez contaminée est belle, très belle; vous êtes vigilant: au point suspect vous faites enlever des racines; elles sont lisses, le chevelu abondant, la sève coule par la section, les radicelles de formation récente sont blanches, rigides; vous les examinez avec le plus grand soin, il n'y a rien. Un autre groupe suspect est soumis à une investigation tout aussi sérieuse, il n'y a rien encore. Au troisième groupe, vous êtes déjà moins sévère; vous poursuivez, vous ne trouvez rien. Décidément vous n'avez pas le phylloxera. On est si heureux de voir se réaliser ce que l'on désire.

Et pourtant que risqueriez-vous de faire un demi traitement?

Cent francs par hectare, ce ne serait pas bien cher; et quels grands avantages pourraient en résulter !

Si votre surveillance a été en défaut, si cette apparence splendide de votre vigne n'était qu'un trompe l'œil, si sa vigueur lui a permis de résister sans rien témoigner aux attaques de l'invisible ennemi, l'année suivante vous serez, comme moi, bien péniblement surpris de voir sur toute sa surface des taches affaiblies qu'il vous faudra deux ans pour remettre; comme moi, votre amour-propre sera profondément humilié d'avoir constamment sous les yeux cette lèpre hideuse.

Comme moi vous direz: Si j'avais traité un an plus tôt !

Cette vigilance doit surtout s'exercer sur les jeunes vignes. Bien qu'en pleine période d'invasion nous en avons tous planté, espérant qu'une grâce particulière les préserverait de tout dommage. Jusqu'à deux ans, trois ans, tout s'est bien passé, mais généralement à la quatrième année, le phylloxera, attiré par cette nourriture savoureuse, s'est propagé en raison de l'abondance dans laquelle il s'est trouvé. La jeune vigne a ses organes d'absorption pleins de vigueur, mais peu nombreux; elle lutte jusqu'à la dernière extrémité sans défaillance, avec toute l'énergie de la jeunesse; mais l'année suivante, à la reprise de la végétation, cette souche que vous aviez cru au mois d'octobre laisser pleine de santé et de promesses pour l'avenir, cette souche pousse à peine, les fumures, les soins les plus assidus ne parviendront pas à la ranimer.

Si vous aviez bien observé cependant, vous auriez remarqué de loin en loin, disséminées dans votre champ ou par petits groupes, quelques souches plus faibles que les autres ; elles pouvaient passer inaperçues sous ce dôme de verdure; si vos investigations s'étaient portées là, nul doute que vous auriez trouvé le phylloxera. Un traitement immédiat aurait arrêté le mal et l'aurait réduit aux quelques souches affaiblies.

En voici un spécimen. L'an dernier, la vigne était magnifiquement belle; voyez les coursons sur lesquels la taille a été faite. Ils ont 0.015 de diamètre, les pousses actuelles ont de 0.15 à 0.20, jaunes, flétries, sans fruits, le système aérien a subi les conséquences du système souterrain détruit. La jeune est vigne perdue.

Une autre jeune vigne, attaquée dans les mêmes conditions, m'appartient. Au mois d'août 1878, je constatai le phylloxera dans une autre de mes vignes, dont elle est séparée par un petit fossé. La tache était tout au bord. Je traitai aussitôt cette tache. Craignant que l'invasion ne se fût propagée dans la jeune vigne, je fis quelques sondages qui ne me permirent pas de trouver l'insecte. Au mois d'octobre suivant, il me sembla que le feuillage de ma jeune vigne roussissait comme après les première rosées blanches, alors que celui de la vigne traitée était du plus beau vert. Je fus mis sérieusement en éveil. De nouvelles fouilles furent sans résultats; il en fut de même en hiver.

Mais au mois de mai, vis-à-vis le point constaté dans la vigne voisine, un groupe de 6 à 5 souches ne poussa que faiblement, alors que la végétation de leurs voisines s'allongeait à vue d'œil; plusieurs groupes affaiblis se remarquaient dans toute l'étendue du champ; c'était, comme l'a dit si bien M. le docteur Fatio, de Genève, les étincelles destinées à répandre l'incendie.

Je fis aussitôt un traitement simple à 20 grammes par mètre carré; cet hiver, j'ai encore fait un traitement simple à 25 grammes par mètre carré, accompagné d'une bonne fumure.

Aujourd'hui, les taches sont circonscrites, les étincelles n'ont pas propagé l'incendie, le restant de la vigne est splendide. Elle a été plantée en 1875. Elle devra produire de 50 à 60 hectolitres à l'hectare. Voici des ceps coupés sur des souches contiguës à celles qui forment le foyer primitif. Vous pouvez voir par le bois de taille de l'an dernier, par le bourgeon de cette année, que le mal a été arrêté, qu'une barrière infranchissable lui a été opposée.

Pourtant la progression a été la même.

La Commission internationale de Viticulture m'honora de sa visite en août 1878. Une partie de cette Commission fit, en 1879, la même tournée, pour s'assurer si les heureux résultats obtenus sur certains points et par divers procédés se confirmaient.

M. Vimont, son rapporteur, disait à propos d'une de mes vignes dans laquelle se trouve enclavée une pièce appartenant à un voisin :

« Dans ces pièces qui, de la grande route descendent vers « un petit talus planté d'ormes, nous avions constaté, l'année « dernière, l'existence de plusieurs foyers, un autre se trou- « vait en bas du talus chez M. Joussan. La tache est limitée, « verte mais chétive. On ne l'a pas fumée. Les autres non « traitées n'appartenant pas à M. Jaussan, sont en partie mortes « et arrachées, et le reste va disparaître. » (1)

Aujourd'hui les vignes non traitées sont telles que vient de les décrire M. Vimont, avec l'aggravation d'une année de plus de maladie.

En voici un spécimen pris au bord du talus, à la partie la plus rapprochée de ma vigne.

Ma tache verte mais chétive n'existe plus, à l'état de tache du moins, mais à l'état de belle vigne. Elle est dans un sol très fertile et doit largement me produire 150 hectolitres à l'hectare.

Voici des ceps pris sur la tache même. Le bois de taille de l'an passé est de la grosseur d'un petit crayon ; les bourgeons de cette année ont plus d'un mètre, quelques-uns portent fruit.

Tout à côté, dans la même position, est une jeune vigne plantée en 1874, où je trouvai le phylloxera à la chute des feuilles sur une étendue de 10 ares environ. La Commission internationale l'y constata en 1878 en pleine réinvasion estivale. Aujourd'hui, malgré son jeune âge, malgré les quatre années écoulées depuis, malgré toutes les contrariétés survenues, deux gelées consécutives, altyse, pyrale, cette vigne est d'une beauté irréprochable ; sans le poteau indicateur la tache ne pourrait être reconnue. Elle est chargée de fruits, elle produira au moins 150 hectolitres à l'hectare.

Vous le voyez, Messieurs, avec de la vigilance, de l'énergie, on parvient à maîtriser cet implacable adversaire. Il n'est pour ainsi dire pas de cas où l'on ne puisse en venir à bout. C'est

(1) *Le Phylloxera en 1879.* Mémoire adressé à M. Talabot, par M. G. Vimont ; Imprimerie Paul-Dupont, Paris.

alors que doit être mis en pratique le dernier terme de la formule : *Patience* ; c'est le cas de la vigne arrivée à la dernière période de la maladie ; racines pourries, rameau jaunes et étiolés, fructification arrêtée.

Pratiquement, je ne conseillerais jamais de le tenter, j'aimerais mieux replanter, mais théoriquement cela est très intéressant, car qui peut le plus peut le moins.

En 1876, le phylloxera fut signalé à un kilomètre environ de chez moi. J'allai comme bien d'autres en curieux voir ce point d'attaque ; nous étions pleins de sécurité, car les points connus les plus rapprochés étaient à de très grandes distances. Le mal était très grave pourtant ; trois taches presque contiguës avec des souches mortes ou mourantes à leur centre occupaient un quart environ d'une fort belle vigne dans la force de l'âge. En dehors des taches, la végétation était passable, belle même, mais les racines étaient décomposées, la maturité du fruit s'était mal faite. Toutes les vignes voisines étaient très belles.

Je demandai au propriétaire l'autorisation d'essayer de traiter sa vigne par le sulfure de carbone, ce à quoi il consentit très volontiers. J'avais pleine foi en l'efficacité de cet agent, les expériences de P.-L.-M. et de l'Association viticole de Libourne m'avaient pleinement fixé à ce sujet.

Comme tous ceux qui commencent, comptant sur un résultat éclatant et partant irréfutable, je laissai de loin en loin, pour servir de témoins, quelques lignes de ceps qui ne furent pas traités.

Dans les premiers mois de 1877, je fis à deux mois d'intervalle trois traitements au sulfure de carbone coaltaré ; peu après la première opération, je ne trouvais plus de phylloxeras vivants, alors que les lots non traités en étaient couverts.

Cet état se maintint jusqu'à fin juillet, époque à laquelle une réinvasion soudaine se manifesta partout, tant sur les lots traités que sur les autres ; je fus pris d'un profond découragement.

Le propriétaire perdant lui aussi tout espoir se mit à arracher sa vigne. Le hasard m'y amena pendant qu'il procédait à cette opération, et quelle ne fut pas ma satisfaction en voyant les souches arrachées provenant des lots traités, ayant poussé en abondance de nouvelles racines lisses et fraîches, alors que celles provenant des lots non traités étaient complètement dénudées et avaient l'aspect d'un squelette.

Il restait 600 souches encore que je le priai de me laisser. Au milieu, se trouvaient trois lignes qui n'avaient pas reçu de traitement.

Pendant l'hiver de 1878, je fis sur toute la surface un traitement réitéré à 30 grammes, somme des deux opérations; au mois de juin, je fis un traitement simple à 15 grammes. Aucune amélioration ne se manifesta extérieurement, la couleur du feuillage fut verte; mais sans s'allonger. Pas de trace de fructification. Je ne trouvai des phylloxeras que fin août; un chevelu très beau s'était formé.

En 1879, j'opérai de la même façon, et j'accompagnai le traitement d'une bonne fumure. Un mieux sensible se produisit; une grande partie des bourgeons atteignirent 60, 80 centimètres de longueur, quelques-uns avec fruits qui arrivèrent à la parfaite maturité. On put cueillir 200 kilogr.; le lot laissé comme témoin, et qui n'avait pas reçu de traitement en 1877, était plus faible que ses voisins.

En 1880, j'ai fait seulement un traitement simple à 25 grammes par mètre carré. La vigne a presque sa végétation normale, elle est du plus beau vert, on estime à 1200 kilogr. les fruits qu'elle porte. Le lot témoin est toujours plus faible, et forme comme un chemin. Les vignes voisines et contiguës sont détruites.

A la taille dernière 1880, je fis contre l'usage laisser les onglets provenant des sarments sur lesquels avait été établie la taille de 1879, en sorte qu'il est facile de voir, comme sur les ceps que j'ai l'honneur de vous présenter, ce qu'était la vigne en 1878, en 1879, ce qu'elle est aujourd'hui.

Les faits que je viens de vous signaler sont à mon avis bien concluants; je comprends cependant qu'étant isolés, ils ne peuvent avoir qu'une valeur, celle de ma sincérité. Mais, s'ils sont corroborés par d'autres faits absolument identiques, on ne pourra nier que leur valeur s'en augmente d'autant.

Heureusement, ce qui s'est passé chez moi s'est passé partout où le sulfure de carbone a été employé dans les conditions dont, dès le début, j'ai déterminé les bases essentielles.

Sous l'initiative de M. le Ministre de l'Agriculture, un Syndicat pour combattre le phylloxera a été formé dans notre arrondissement. Les moyens employés ont été ceux recommandés par la Commission supérieure du Phylloxera, submersion, sulfocarbonates, sulfure de carbone.

Il s'est traité 1,520 hectares par le sulfure de carbone seul. A côté du grand propriétaire traitant 50,100 hectares, nous avions le petit propriétaire, le cultivateur ; sur les 1,520 hectares, 390 ont été traités par 93 propriétaires avec une moyenne de neuf hectares ; sur ce nombre, 25 ont traité des surfaces de 50 ares à 2 hectares.

J'ai eu l'honneur d'être le président de ce Syndicat. Comme je ne voulais pas m'en rapporter à mon appréciation seule pour signaler à M. le Ministre les résultats acquis, j'eus la pensée d'adresser à chacun de nos syndiqués un questionnaire très bref, mais dans lequel pouvaient être consignées les différentes phases par lesquelles avaient pu passer leurs vignes avant, pendant et après les traitements.

C'était la vérité qui devait sortir de là, nul n'ayant intéret à l'altérer.

L'examen de ces questionnaires est très intéressant et surtout concluant. Il peut se résumer ainsi :

Première année de traitement. Résultat passable, quelquefois nul.

Deuxième année. Bons.

Troisième année. Excellents.

Action du sol ne paraissant exercer qu'une influence médiocre.

Dans les traitements de la première année, quelques-uns ne constatent aucun résultat, d'autres ne peuvent se prononcer après une aussi courte expérience. Mais, invariablement, *tous continueront leurs traitements ; la campagne prochaine, leurs traitements seront plus importants.*

Dans ceux de deuxième année, il y a plus d'assurance ; elle

varie de l'espoir à la confiance; les traitements *continueront de plus fort.*

Quant aux traitements de 3e année, c'est la confiance presque absolue. Si on pouvait lire entre les lignes, on y verrait assurément *certitude*, mais on n'a pas voulu affirmer si catégoriquement en présence d'une question aussi importante.

93 propriétaires traitant pour la troisième année ont déjà demandé aujourd'hui 5.878 barils pour la campagne prochaine. Ceci vaut bien une réponse.

L'examen du questionnaire donne aussi la clé des insuccès signalés, surtout dans les traitements de première année. L'on peut sûrement conclure que tout insuccès peut être attribué à des dosages insuffisants, à des traitements tardifs, c'est-à-dire faits à une époque éloignée du moment où l'invasion a été signalée, ou bien faits en saison inopportune.

Les résultats satisfaisants obtenus dans notre arrondissement pourraient être encore mis sur le compte de notre sol, de notre climat, de notre culture; mais nous les voyons identiques dans des régions qui ne peuvent en rien être assimilées aux nôtres: chez M. Thiollières de l'Isle au coteau de l'Ermitage; chez M. de Pravieux à St-Laurent-du-Pape; chez M. Meunier à Toulon; chez M. Piolat; chez M. Giraud à Libourne et chez tant d'autres. Ils sont tout aussi concluants; ils ont passés par les mêmes péripéties.

Aussi, Messieurs, mon sentiment, basé sur tout ce que j'ai vu par moi-même, sur tout ce qui a été fait par les autres, est que nous pouvons sans crainte d'éprouver de désillusion entreprendre une lutte dont nous sortirons assurément vainqueurs.

Il me reste à aborder un ordre d'idées qui a bien son importance, le côté pratique de la question. Il pourrait, en effet, être très curieux, très intéressant de faire vivre et de reconstituer une vigne au milieu d'une contrée entièrement détruite: mais en agriculture on ne peut guère se contenter de cela. Nous ne faisons pas de la viticulture pour l'amour de l'art. Nous avons un capital précieux. Il faut évidemment le conserver, mais cela ne suffirait pas si ce capital ne donnait pas un revenu.

Ce ne serait rien faire si le revenu était absorbé par la dépense, si ce nouveau travail était une gêne tellement grande que l'exploitation courante eût à en souffrir.

Il n'en est rien. L'emploi du sulfure de carbone est éminemment pratique, pouvant sans inconvénient être suspendu et repris suivant la convenance du viticulteur. Les ouvriers, après quelques heures de pratique, sont suffisamment habiles au maniement du pal injecteur; leur émulation est excitée par l'intérêt personnel, car ils sont tous possesseurs de vigne, et ils veulent être instruits pour l'employer chez eux le cas échéant. Beaucoup l'ont fait déjà, et j'ai cédé l'année dernière 40 barils de 100 kilos à mes ouvriers, par quantités de 50 à 100 kilos. Ils m'en demandent tous pour la campagne prochaine.

Quant à la gêne que cela pourrait occasionner, il s'agit de former une équipe spéciale, fonctionnant en dehors de celle qui s'occupe des travaux ordinaires. Dès l'abord, cela paraît très encombrant; après huit jours, on n'y prend pas même garde.

J'ai traité cette année 80 hectares et je puis dire que mon exploitation n'en a aucunement souffert.

Le prix de revient du traitement peut aussi être établi d'une manière extrêmement exacte. Le prix de la main-d'œuvre seul peut être un peu modifié par la nature du sol, mais le traitement devant se faire réglementairement en hiver, où le sol même le plus ingrat est d'ordinaire ramolli par les pluies, l'écart ne peut pas être bien grand.

Les traitements peuvent se faire de deux façons: réitérés ou simples, sauf dans de rares exceptions, nous avons dû renoncer au traitement réitéré malgré sa supériorité. Cette double main-d'œuvre occasionnait un retard très préjudiciable aux autres travaux. Nous avons adopté le traitement simple à 25 ou 30 grammes par mètre carré en une seule opération, soit 250 à 300 kil. par hectare.

Je prendrai le chiffre maxima 300 kil. par hectare.

D'après les études faites par la Compagnie P.-L.-M., il faut, pour que le sulfure de carbone se diffuse régulièrement dans le sol, le répartir en injections égales; deux par mètre carré, soit 20,000 injections à l'hectare. N'employant plus que le traitement simple, mettant par conséquent en une seule fois une dose presque double, nous avons jugé à propos, pour faciliter la diffusion, d'augmenter le nombre de trous d'injection. D'une façon générale, nos vignes sont plantées à 1 m. 50 en carré; l'hectare contient 4,400 souches; nous faisons 6 trous par souche, soit 26,400 à l'hectare, au lieu de 20,000.

Une équipe composée de deux ouvriers, l'un forant et injectant le liquide dans le sol, l'autre le suivant pour boucher soigneusement les trous, fait aisément, dans un terrain maniable, 5 trous par minute, soit 2,400 par journée de travail effectif de 8 heures.

Les 26,400 trous de l'hectare seront donc faits en 11 journées d'équipe.

Si chaque ouvrier est payé 3 fr. soit 6 fr. l'équipe, nous aurons comme main-d'œuvre la somme de 66 fr.

Nous aurons alors :	300 kilogr. sulfure à 40	120
	11 jours d'équipe 6	66
		186
	Frais généraux. .	14
		200

C'est donc à deux cents francs en chiffres ronds que revient le traitement d'un hectare de vigne.

Chacun connaît le rendement de sa vigne, le prix probable de vente de son vin. Deux cents francs, ajoutés à ses frais courants d'exploitation, déduits de la somme brute réalisée, donneront-ils une somme représentant pour sa terre l'intérêt d'un capital suffisant?

C'est une question d'appréciation, de doit et avoir, que nul ne peut mieux résoudre que l'intéressé. A chacun donc d'être juge de sa propre cause.

Je finis, Messieurs, mais non sans conclure, et vous dire une fois de plus que ma conviction est faite, et qu'elle s'affirme chaque jour.

Au mois de mars dernier, M. Marion préparant la publication du rapport annuel ou des travaux de la Compagnie P.-L.-M. avait prié plusieurs propriétaires de vouloir bien lui adresser un compte-rendu de leurs expériences.

Cette demande me fut aussi adressée et je m'estimai heureux d'y répondre; je terminais en disant: « Ce qu'il y a de certain, « c'est que pendant deux années consécutives nous avons deux « appréciations bien précises de l'état de mon vignoble. Que, « contrairement à tout ce qui a été reconnu et admis quant à « la marche du phylloxera, contrairement à ce qui s'est passé « chez mes voisins, l'invasion, au lieu de suivre sa progression « ordinaire, fatale, a été contenue dans ses premières limites; « que, si on ne veut pas admettre qu'il y a amélioration, il y a « eu toujours maintien du *statu quo*. Tout cela étant reconnu, « si au mois d'août cet état persiste, amélioration ou *statu quo* « d'un côté, destruction de l'autre, ne serons-nous pas fondés « à dire: Les vignes françaises peuvent être conservées par « le sulfure de carbone. »

Aujourd'hui 12 septembre, ce n'est plus de *statu quo* qu'il faut parler, mais d'une amélioration évidente, palpable, indéniable, amélioration qui a fait dire à bien de mes visiteurs, et j'en ai eu un très grand nombre: mais vos voisins n'y voient donc pas de ne pas faire comme vous; amélioration telle, que, sur mes 80 hectares, il ne s'est pas encore manifesté le moindre symptôme de réinvasion apparente; que, dans les fouilles journellement faites, on n'a trouvé que par exception de rares phylloxeras; et encore n'est-ce qu'à dater du 6 septembre.

Cette amélioration, dis-je, existant telle que je l'affirme, telle que pourraient l'affirmer beaucoup de témoins et des meilleurs, ne pouvons-nous pas être pleins de confiance et dire: les vignes françaises peuvent, doivent être sûrement conservées par l'emploi du sulfure de carbone.

M. le Président donne la parole à *M. H. Marès*, correspondant de l'Institut, secrétaire de la Société d'Agriculture de l'Hérault.

CONFÉRENCE DE M. MARÈS

Je considère comme un devoir de communiquer au Congrès les résultats qu'on peut obtenir par l'emploi des insecticides sur les vignes phylloxérées, car ils constituent le seul moyen qui permette de conserver à notre patrie les vignes encore existantes qui constituent l'une des plus grandes richesses de notre sol; aussi, laissant de côté tout parti pris et toute préférence soit pour les vignes américaines, soit pour les insecticides, qui ont les uns et les autres leur rôle distinct, me paraît-il que cette question de conservation doit être poursuivie et étudiée sans relâche, à la fois par les savants et les praticiens, et que sa solution s'impose comme une nécessité dans les contrées qui possèdent encore beaucoup de vignes comme la région du Centre et de l'Est où se trouve placé Lyon.

Dans la région méditerranéenne, l'emploi des insecticides a été accompagné de nombreux échecs, et sauf dans les sables, et dans les terrains susceptibles d'être submergés, la vigne (à de rares exceptions près), a pour ainsi dire disparu, comme grande culture, du littoral depuis Nice jusqu'à Agde.

Mais il ne faut pas s'étonner de ces insuccès ; ils tiennent au climat, à la difficulté des applications et au défaut de connaissance des conditions nécessaires au bon emploi des agents au moyen desquels on peut détruire le phylloxera, et faire vivre la vigne. Aujourd'hui les conditions d'application sont mieux connues, et on obtient des résultats meilleurs.

Il ne faut donc pas se décourager ; d'ailleurs la grande masse des vignobles français est encore debout. Si l'ouest, la vallée du Rhône et principalement le midi méditerranéen ont perdu 500.000 hectares de vignobles, il en reste encore deux millions d'hectares debout qui sont à défendre, et sur lesquels on pourra largement profiter de l'expérience acquise, et ces 2 millions d'hectares ont une valeur infinie, car à mesure que le mal s'étend, la valeur de ce qui reste s'accroît sans cesse, à tel point que, malgré les pertes subies, ce qui reste vaut encore autant que l'ensemble entier. Les propriétaires sont donc d'autant plus intéressés à défendre les vignes qu'ils possèdent.

La défense est bien plus facile à mesure qu'on quitte les contrées sèches et chaudes pour des climats plus tempérés et arrosés par les pluies d'été. Dans l'extrême midi, la chaleur et la sécheresse, ont donné à l'invasion phylloxérique une intensité extraordinaire, et les années de sécheresse y ont été signalées par d'affreux désastres, par exemple en 1868, dans la vallée du Rhône qui était sous le coup d'une invasion récente, et dix ans après, en 1878, sur tout le littoral méditerranéen dont l'infection générale date de cette époque ; il suffit d'un coup d'œil jeté sur la marche de l'invasion du phylloxera pour établir cette démonstration.

Ainsi cette invasion a commencé presque simultanément vers 1863, à Bordeaux, sur les bords de la Gironde d'une part, sous un climat tempéré et à pluies estivales ; et à Roquemaure dans le Gard d'autre part, sous un climat brûlant et à sécheresse d'été prolongée, après l'importation sur ces deux points de cépages américains. Or, l'extension du mal a été très différente. Après une période d'incubation assez longue, pendant laquelle on voyait çà et là quelques vignobles voisins des points d'importation se désorganiser sous l'influence d'un mal inconnu, tandis que toutes ou presque toutes les vignes ont succombé de 1868 à 1876 dans le Gard, Vaucluse et les Bouches du Rhône, que les départements voisins de ces derniers, l'Ardèche, la Drôme, le Var, les Alpes Maritimes et l'Hérault sont gravement attaqués et en voie de prochaine destruction ; autour de Bordeaux, dans la Gironde, une partie relativement bien moindre a succombé, il en est de même dans les départements voisins, par exemple en Dordogne. Dans les Charentes, le mal est plus développé, mais les surfaces des vignes indemnes, y étaient encore, en 1878, bien plus considérables que les surfaces détruites.

Le tableau suivant, tiré de la circulaire ministérielle du 20 juin 1878, peut donner une idée de la marche simultanée de l'invasion dans l'extrême Midi et dans l'Ouest.

	Avant la maladie	Superficie détruite	Sup. malade	Total tué ou attaqué
Gard.	98.942 h.	96.092 h.	10.375 h.	»
Bouches-du-Rhône.	46.694	37.078	8.012	»
Vaucluse	32.000	31.000	4.050	»
Var.	90.327	30.476	24.230	»
Ardèche.	34.431	17.806	8.352	26.158
Drôme	38.657	15.248	8.243	23.494
Hérault	180.000	85.916	28.234	»
	520.748	313.616	91.496	405.112

Gironde..........	155.232	10.606	39.481	»
Dordogne........	96.717	3.828	3.853	»
Lot-et-Garonne....	140 000	2.802	16.800	»
Charente.........	116.805	24.897	37.335	62.232
Charente-Inférieure	168.945	14.194	32.275	46.469
	677.699	56.327	129.744	186.071

Ces grandes différences paraissent dépendre du climat; plus il est sec et chaud, plus le mal est rapide et violent.

On voit en effet, dans la région méridionale, sur cinq départements, dont 4 sont riverains de la Méditerranée, le phylloxera avoir détruit ou attaqué la presque totalité des vignes, soit 355,000 hectares sur 450,000 hectares. Dans la Gironde, où le mal est plus ancien, 50,000 hectares sur 155,000. — Dans la Charente, 108,000 hectares sur 285,000. Dans l'Ardèche et dans la Drôme, 50,000 hectares sur 72,000 hectares. Dans les contrées privées de pluies estivales, desséchées par un soleil brûlant, les vignobles sont donc bien plus rapidement attaqués et détruits que dans les autres. Il est facile de s'en rendre compte: sous un climat chaud, le phylloxera pullule plus longtemps; de plus, le sol desséché s'échauffe à d'assez grandes profondeurs et y acquiert un équilibre de température qui favorise d'une manière régulière la grande prolifération de l'insecte. Ainsi, au mois d'août, à 40 centimètres de profondeur, la température du sol, aux environs de Montpellier, s'élève et se maintient de 30 à 33°. — Dans les contrées à pluies estivales, le sol souvent mouillé est rafraîchi; il n'acquiert pas cet équilibre de haute température si favorable à la multiplication extraordinaire de l'insecte, et les vignes peuvent mieux lui résister. Ceci explique pourquoi le midi demande avec tant d'insistance, même au point de vue de la vigne, la construction de grands canaux d'irrigation.

C'est d'ailleurs ce que confirment les observations faites en Bourgogne, en Franche-Comté, en Savoie, où on découvre des taches qui paraissent remonter à 3, 4, et même 5 années de durée. Dans l'extrême midi, on n'observe rien de pareil; il est rare qu'une vigne qui n'est pas vigoureusement secourue résiste plus de 2 ou 3 ans; l'attaque est même souvent foudroyante pendant les années de sécheresse, ainsi qu'on l'a vû en 1868, dans la vallée du Rhône et, en 1878, dans les vignobles de l'Hérault. Ces cas foudroyants se produisent surtout dans les jeunes vignes dont le système radiculaire n'a pas acquis un degré de consistance suffisant.

Il y a donc lieu de compter que les traitements insecticides auront d'autant plus de succès qu'ils seront appliqués sur des vignes végétant sous un climat plus frais et plus arrosé. Ces traitements ne doivent donc pas être abandonnés. Déjà la Suisse, sous une latitude analogue à celle du lyonnais, est un exemple : on a pu y circonscrire le mal en s'y prenant à temps. On peut espérer le même succès en Bourgogne et dans le Beaujolais.

On vient de parler au Congrès des résultats favorables obtenus par l'emploi du sulfure de carbone ; c'est en effet un agent précieux comme phylloxéricide, surtout au début d'une invasion, alors qu'il faut éteindre un point d'attaque isolé, ou qu'on traite des vignes encore peu atteintes ; mais quand le mal est partout répandu et que les racines sont le siège de fortes lésions, son emploi est beaucoup moins avantageux, et la vigne n'est pas toujours suffisamment ménagée. D'ailleurs on ne peut pas en faire usage dans les terrains rocheux ou pierreux dans lesquels ne pénètrent pas les pals d'injection. Le sulfo-carbonate de potassium, qui n'est d'ailleurs qu'un mode d'emploi spécial du sulfure de carbone, découvert par l'illustre secrétaire perpétuel de l'Académie des Sciences, M. Dumas, permet de résoudre les diverses difficultés que rencontre souvent l'emploi du sulfure de carbone, et présente un mode d'action que, d'après l'expérience que j'ai acquise depuis plusieurs années, je considère comme certain. C'est de son emploi que je parlerai donc plus spécialement, tout en spécifiant les conditions générales auxquelles doit satisfaire tout traitement insecticide, quel qu'en soit l'agent.

Le sulfo-carbonate de potassium dont il s'agit ici, exerce son action, non-seulement par le sulfure de carbone qu'il renferme comme insecticide, mais encore par ses produits de décomposition, et notamment par l'hydrogène sulfuré et le sulfure de potassium qui est un de ses éléments. Ce dernier, outre les propriétés insecticides qu'on peut à bon droit lui attribuer, comme à l'hydrogène sulfuré, a sur les racines de la vigne une action particulière. A son contact, elles se conservent mieux, si elles sont atteintes de lésions phylloxériques, surtout quand elles sont de fortes dimensions, comme celles qui constituent la grosse charpente du cep et son axe souterrain. Elles se cicatrisent plus vite, et conservent alors assez de vigueur au sujet pour empêcher son dépérissement complet, et, dès que les circonstances deviennent favorables, elles émettent des chevelus et et des radicelles, au moyen desquels il se reconstitue.

On sait que l'application du sulfure de potassium en grains, répandu seul au pied des ceps, donne des résultats analogues, mais moins prononcés ; car elle n'est pas accompagnée d'un arrosage qui le diffuse dans le sol et en imprègne mieux les racines. Néanmoins c'est ici l'occasion de signaler l'emploi qu'on en fait aujourd'hui sur une grande échelle dans l'Aude et dans l'Hérault. Le sulfure de potassium brut et impur, fabriqué à Lodève par M. Hugounenq, a depuis 8 ans conservé les vignes de M. Michel Fermaud à Las Sorrès. Il a suffi d'en mettre, chaque année, 100 grammes par pied de vigne occupant 2 mètres 50 de surface, après l'avoir préalablement déchaussé et fumé avec 2 kilog. de fumier de ferme. Le sulfure de potassium est moulu grossièrement; il coûte de 35 à 40 fr. les 100 kilog., ce qui équivaut à une dépense de 150 à 160 fr. par hectare.

Mais je reviens au sulfo-carbonate de potassium, qui est un corps liquide d'une densité considérable. La meilleure manière de l'employer est de le diluer dans de grandes quantités d'eau et de le verser dans cet état au pied du cep déchaussé. On peut en employer par cep de 4,000 à l'hectare, de 50 à 100 grammes selon l'état de maladie de la vigne, et le délayer, pour chaque cep, dans 30 à 40 litres d'eau. C'est la proportion que j'ai adoptée pour les terrains secs des environs de Montpellier. Il faut donc, avec ces proportions, une quantité d'eau de 120 à 150 mètres cubes par hectare et de 250 à 500 kilog. de sulfo-carbonate.

Le déchaussement du cep doit être fait en forme de cuvette

conique de 50 centimètres de rayon environ, de manière à baigner spécialement le tronc et les grosses racines, et à descendre aux parties les plus basses et les plus profondes du tronc. C'est en modifiant de cette manière l'application de l'eau sulfo-carbonatée et en l'employant en profondeur autour du tronc lui-même, au lieu de l'employer en surface (ce qui ne permet pas la pénétration suffisante du liquide), que j'ai obtenu les résultats les plus réguliers. Les traitements peuvent d'ailleurs être faits, en tout temps, sans nuire à la vigne, et on peut facilement les renouveler deux fois par an, et plus souvent encore, si on n'est pas arrêté par la dépense. Quand on emploie de fortes doses à la fois, par exemple 100 à 120 gr. par cep et au delà, il vaut mieux agir pendant le repos de la végétation, et sur un sol bien ressuyé; mais si on n'use que de faibles doses de 50 à 60 gr. comme cela convient en été, quand on applique les seconds traitements, on peut opérer, et toujours avec succès, de mars à septembre. Les applications faites dans des sols encore trop humides, comme cela arrive à la suite de fortes pluies, arrêtent la végétation et peuvent nuire à la vigne.

Les conditions que doivent remplir les insecticides pour donner un effet utile sont les suivantes: on remarquera que le traitement de la vigne par les sulfo-carbonates délayés dans une proportion d'eau suffisante, satisfait à toutes.

1° Ne pas traiter de vignes trop épuisées par la maladie.

2° Etendre le traitement à tous les ceps de la vigne.

3° Employer l'agent phylloxéricide dans de bonnes conditions de diffusion.

4° Pouvoir renouveler les applications sans inconvénient pour la vigne.

5° Ne pas risquer de porter atteinte à la vie du cep.

6° Accompagner le traitement phylloxéricide d'application d'engrais qui favorisent l'émission de nouvelles racines, et excitent la vitalité de la plante.

Je reprends, en les développant, chacune de ces propositions :

1° *Ne pas traiter une vigne trop épuisée et trop détériorée par le phylloxera.*

Cette condition est essentielle, car il faut que les ceps puissent encore répondre aux soins qu'on leur donnera, et que les dépenses dont ils sont l'objet soient couvertes.

Le phylloxera tue la vigne à la manière des poisons, et en la couvrant souterrainement de lésions qui détruisent le tissu des racines. La piqûre de l'insecte provoque une irritation suivie de renflements sur les racines ; la sève y afflue et se corrompt au lieu de s'organiser.

Le mal devient irréparable quand il atteint profondément les grosses racines et le corps de souche. Si l'action de désorganisation est trop avancée et que le sujet soit trop vieux, il se rabougrit et ne peut plus se reconstituer utilement. Dans ce cas, il vaut mieux l'arracher et replanter quand le sol est bien purgé de tous les débris sur lesquels le phylloxera pourrait rester. Une jeune vigne, prise dès le début, présente plusde ressources pour l'application des phylloxéricides que les ceps trop vieux chez lesquels la vitalité des organes se détruit définitivement.

D'une manière générale, il faudrait traiter la vigne dès la première apparition de l'insecte et pour ainsi dire préventivement ; on attend toujours trop longtemps, et alors la vigne affaiblie est bien plus difficile à rétablir et coûte beaucoup plus pour arriver à un bon résultat. Quand une vigne est fortement attaquée et déjà déprimée dans sa végétation, il faut de 2 à 3 ans pour la rétablir, et lui donner deux traitements par an. Une vigne, à la première période d'attaque, peut être facilement maintenue avec un ou deux traitements, et sans perte de récolte.

2° *Etendre le traitement à tous les ceps de la vigne.*

L'expérience apprend que, lorsqu'une parcelle de vigne est attaquée, il est nécessaire d'en traiter tous les ceps, car l'invasion, sans être encore apparente, se fait déjà sur ceux qui paraissent intacts, et qu'on a le plus d'intérêt à conserver, à cause de leur vigueur et de leur fertilité. Quand on se borne à traiter les points d'attaque ou les parties malades, on provoque presque toujours des déplacements d'insectes vers les parties saines où ils ne sont pas inquiétés, et les attaques qui s'y produisent alors sont d'autant plus dangereuses. Le traitement fait périr beaucoup d'insectes, mais il ne les détruit jamais tous ; de plus les ceps qui ne sont pas encore affaiblis sont bien plus faciles à défendre et résistent mieux aux attaques de l'insecte.

Le traitement au sulfo-carbonate de potasse fertilise la vigne, quand elle est encore vigoureuse, et augmente considérablement sa production, fait qui ne se produit plus, dès que la vigne s'étiole. En employant par hectare 500 kilog. de sulfo-carbonate à 50 fr. les 100 kilog., la dépense est de 350 fr.; une plus value de production de 20 hectol. à 25 fr. donne une plus value de 500 fr. qui couvre et au delà la dépense. Dans les vignes de qualité, il suffit d'une augmentation de production de 4 à 5 hectol. par hectare. Non-seulement la dépense est couverte, mais encore la vigne est conservée ainsi que le capital qu'elle représente.

Au début de l'emploi des insecticides on ne traitait que les points d'attaque, et on n'en obtenait que des résultats incomplets et mauvais. Il faut agir sur toute la parcelle attaquée.

3° *Employer l'agent phylloxéricide dans de bonnes conditions de diffusion.*

La diffusion de l'insecticide dans le sol et principalement autour des organes souterrains de la vigne les plus importants, est indispensable pour obtenir un résultat utile. Quel que soit le procédé auquel on ait recours, il est bien difficile de l'obtenir sans donner au sol un degré de mouillure suffisant, ou sans employer l'eau comme véhicule. L'emploi du sulfo-carbonate de potassium, dissous dans un volume d'eau assez grand, remplit toujours les conditions de diffusion, car il permet de mouiller le sol à une profondeur suffisante pour atteindre les grosses racines et le tronc entier du cep à traiter. J'ai déjà indiqué comment on arrive à ce résultat en disposant autour de ce dernier une cuvette conique dont l'axe est formé par le tronc ou souche du sujet. L'imbibition du liquide dans le sol se fait alors sur les parties souterraines qu'il convient d'atteindre plus spécialement, à savoir le tronc et la souche dans leurs parties inférieures, et les grosses racines à leur insertion sur le tronc. Non seulement on y détruit la plupart des phylloxeras, mais quand il s'y trouve déjà des lésions, on en favorise la guérison ainsi que la reconstitution de nouvelles écorces, et l'émission des chevelus.

Dans les sols de coteau rocheux, et dans les cailloux roulés, impénétrables en profondeur aux pals injecteurs, on obtient de très bons résultats au moyen des sulfo-carbonates dilués, l'eau les faisant facilement pénétrer jusqu'aux racines profondes. Jusqu'à présent, nul autre moyen connu n'agit aussi efficacement.

4°. *Renouveler les traitements aussi souvent qu'on le juge nécessaire.*

L'emploi des sulfo-carbonates dilués, pouvant avoir lieu en tout temps et à toutes les époques sur la vigne en repos hybernal ou en pleine végétation, remplit complètement cette condition. Les applications réitérées sont coûteuses, mais quand elles peuvent combattre les essaimages si dangereux de phylloxeras ailés, ou la prolification estivale que les sécheresses prolongées rendent désastreuses, et qu'on désigne sous le nom de réinvasion d'été, elles rendent d'incomparables services.

Quelle que soit la cause des réinvasions estivales: générations de l'œuf d'hiver ou prolification des aptères souterrains, les applications de sulfo-carbonate, faites pendant la durée de végétation de la vigne, donnent de grands résultats, en détruisant des quantités d'insectes, et en rendant à la vigne la force de végétation nécessaire. C'est ce que j'observe depuis plusieurs années dans ma pratique d'une manière très nette.

Jusqu'à présent, j'ai obtenu d'excellents résultats de deux traitements appliqués: le 1er, de mars à juin; le 2e, de fin juillet à fin septembre. Quand les chaleurs sont trop fortes, il convient de s'abstenir afin de ne pas s'exposer à échauder les raisins. Dans les vignes encore peu envahies on peut ne pratiquer qu'une seule opération ; il convient alors d'employer une plus forte dose de sulfo-carbonate, par exemple de 100 à 120 grammes par cep de 4,000 à l'hectare, et d'opérer en mars, en sol encore frais, mais ressuyé. Beaucoup d'insectes périssent, et la végétation prend un grand essor.

5° *Ne pas porter atteinte à la vie des ceps traités.*

Les traitements ne doivent pas nuire à la vitalité des ceps;

il faut détruire les insectes sans tuer ou affaiblir la vigne. Le sulfure de carbone, et les corps dans lesquels entre cet agent, ont des propriétés toxiques qui peuvent nuire aux végétaux, s'ils sont mal appliqués, sans précautions ou en trop fortes doses. Avec le sulfo-carbonate de potassium dilué dans des quantités d'eau équivalentes de 200 à 300 fois son poids, je n'ai jamais vu se produire d'accidents. D'après les expériences faites à Las Sorres, la limite nuisible des dilutions serait de 250 gr. à 300 gr. de sulfo-carbonate pour 20 litres d'eau, soit 1 de sulfo-carbonate pour 70 à 80 d'eau.

Ces proportions sont encore loin de celles que la pratique indique comme efficaces contre l'insecte tout en restant sans danger pour la plante. Dans tous les cas, quelle que soit la dose employée, il faut bien agiter l'eau dans laquelle on fait le mélange, afin que le sulfo-carbonate (liquide très dense qui touche au fond du vase plein d'eau, dès qu'il y est versé) soit bien mêlé à toute la masse.

Les sulfo-carbonates ne doivent pas renfermer de sulfure de carbone libre; dans ce cas, ils sont de fabrication défectueuse, et leur emploi pourrait être nuisible à la vigne; il est facile de reconnaître cette mauvaise fabrication au défaut d'homogénéité du liquide et à son odeur.

De tous les agents phylloxéricides, le sulfo-carbonate de potassium est celui qui ménage le plus la vigne; non-seulement il ne nuit pas à la végétation, mais il agit en la favorisant à la manière des engrais, et en poussant à la fructification.

Il permet de réduire jusqu'à sa moindre limite les doses de sulfure de carbone, agent qui entre dans les éléments de sa composition, et qui devient libre lorsqu'il est répandu dans le sol, et il en permet la diffusion la plus complète, grâce à son état de dissolution dans l'eau.

6° *Aider l'action de l'insecticide par des applications d'engrais qui favorisent l'émission de nouvelles racines.*

Il n'est pas nécessaire d'insister sur cette condition, chacun en reconnaitra l'utilité. Il s'agit d'abord de conserver la vigne, et de lui permettre de refaire de nouvelles racines, ou de conserver celles dont elle est pourvue. En pareil cas, le sulfo-carbonate de potassium est déjà lui-même un des meilleurs reconstituants à recommander à cause du sulfure de potassium qu'il contient en grande quantité. Son contact avec les racines détruit sur elles le phylloxera, et provoque de nouvelles émissions qu'il convient de favoriser encore par la présence d'un engrais. Les fumiers de ferme consommés paraissent, jusqu'à présent, avoir donné les meilleurs résultats.

En résumé, les sulfo-carbonates de potassium dilués dans 200 à 300 fois leur poids d'eau remplissent de la manière la plus satisfaisante les conditions qu'on doit rechercher dans l'emploi des insecticides : Ils ménagent la vigne, amènent une restauration plus prompte des racines, et la cicatrisation des lésions existantes. Leur application est possible en tout temps de la végétation. Leur diffusion se fait toujours grâce à l'eau de dissolution.

Il est probable qu'à l'avenir ce moyen de conservation de la vigne sera adopté partout où on trouvera l'eau nécessaire. Comme il n'en faut pas de bien grandes quantités et qu'on peut établir des réservoirs sur une foule de points pour recueillir des eaux de pluie, lorsque les eaux souterraines font défaut, les vignobles à produits recherchés pourront toujours être défendus. Le transport de l'eau peut se faire dans des conditions pratiques aux moyens des appareils dont se servent MM. Mouillefert et Humbert.

La dépense par hectare est la suivante pour 2 traitements :

500 k. sulfo-carbonate à 50 fr.	250 fr.
20 journées d'homme à 2 fr.	40
Location du matériel, etc.	60
	350 fr.

Cette dépense peut être considérablement réduite, en diminuant le prix du sulfo-carbonate, résultat qui sera certainement atteint, lorsque l'emploi s'en généralisera.

Toutes les vignes phylloxerées, quelle que soit leur nature, gagnent à être sulfo-carbonatées, car le traitement qu'on leur applique dans ce but diminue le nombre des insectes parasites.

et leur conserve la vigueur nécessaire à une bonne fructification.

Dans les circonstances actuelles, un des plus grands services à rendre à la viticulture est de propager l'emploi des insecticides efficaces, comme celui dont je viens d'exposer plus particulièrement l'application. C'est ce qu'a fait avec une résolution patriotique l'éminent directeur de la Cie de Paris-Lyon-Méditerranée, M. Talabot, pour le sulfure de carbone. Les dispositions qu'il a fait prendre à la grande Compagnie dont il dirige les services sont des modèles à suivre. Il serait à souhaiter que la propagation de l'emploi du sulfo-carbonate de potassium dont la découverte est due à l'un des hommes de notre temps les plus illustres dans la science et l'enseignement, un des successeurs et des continuateurs de Lavoisier, M. Dumas, une de nos gloires contemporaines, dont les travaux ont tant contribué à perfectionner l'application de la science à l'agriculture et à l'industrie, et à développer notre richesse nationale, trouvât les mêmes facilités et les mêmes encouragements.

M. Mouillefert, professeur à l'Ecole nationale d'agriculture de Grignon, prend la parole après M. Marès, et dit en résumé ce qui suit :

CONFÉRENCE DE M. MOUILLEFERT

Messieurs,

Après l'intéressante communication de M. Marès que vous venez d'entendre sur les traitements au sulfo-carbonate de potassium, il ne me reste que bien peu de chose à dire, surtout étant obligé de me tenir dans le peu de temps que le Congrès veut bien m'accorder.

En conséquence, Messieurs, je ne veux appeler votre bienveillante attention que sur les quelques points que voici :

1° *L'efficacité du sulfo-carbonate de potassium.* — Ce point de la question, vous le savez, Messieurs, n'est plus aujourd'hui discuté : l'efficacité du sulfo-carbonate est aujourd'hui admise par toutes les personnes qui ont appliqué, suivant les règles voulues, cet insecticide, et même par celles qui se sont tenues au courant de la question du phylloxera, soit d'une manière ou d'une autre. S'il restait quelques doutes à cet égard, il me suffira, je pense, pour les dissiper, de vous dire ce qui suit :

1° Tous les propriétaires qui, dès le début de la mise en vue de cet insecticide, ont commencé à l'expérimenter, ont continué à le faire sans aucune interruption et sur des surfaces de plus en plus considérables, ce qui prouve qu'ils en sont satisfaits;

2° La consommation de ce produit, qui n'était que de quelques milliers de kilogrammes il y a quelques années, a aujourd'hui atteint un demi-million de kilogrammes;

3° Depuis que la *Société nationale contre le Phylloxera* que nous avons eu l'honneur de contribuer à fonder est constituée, les propositions de traitement ont sans cesse augmenté, et moins de trois ans après sa fondation, elle peut suffire aux demandes des viticulteurs. Ainsi, tandis qu'elle n'avait à traiter, l'année dernière, en dehors de ses propriétés ou de celles de ses membres, qu'une quarantaine d'hectares, cette année elle a eu à opérer sur plus de 500 hectares, et plus du double de cette quantité n'a pu être traitée à cause du manque du sulfo-carbonate en temps voulu.

Quant aux résultats obtenus chez les cent et quelques propriétaires qui ont été assez heureux pour être traités, il me suffira de vous dire que non-seulement la presque totalité continuera à appliquer à la saison prochaine ce remède, mais que tous ceux qui sont à même de le faire et qui n'avaient fait appliquer cette année le sulfo-carbonate que comme essai, feront traiter des surfaces plus considérables. Enfin, les demandes pour l'année prochaine dépassent déjà actuellement 2,000 hectares, c'est-à-dire plus de 4 fois la surface de cette année et plus de 50 fois celle de l'année dernière!...

Ces chiffres, Messieurs, sont assez éloquents par eux-mêmes pour qu'il soit inutile, je pense, d'entrer dans les détails et de m'étendre davantage sur ce sujet, car je ne crois pas qu'il y ait autre chose de plus concluant que les faits de la nature de ceux que je viens de vous indiquer.

1° *Durée des effets du sulfo-carbonate.* — Quelques viticulteurs.

et des plus éminents, ont aussi émis des doutes sur la durée des effets du sulfo-carbonate; ils se sont notamment demandé si ce remède pouvait régénérer des vignes très-affaiblies et les maintenir ensuite en prospérité, ou empêcher de tomber un vignoble que l'on aurait pris dès le début de la maladie.

Messieurs, les faits sont également venus répondre à ces craintes, et il est désormais prouvé par ce qui se passe dans nos traitements, dont les plus anciens datent de 5 ans, que le sulfo-carbonate de potassium peut *non-seulement régénérer une vigne prise à la dernière extrémité, quelle qu'elle soit, mais encore la maintenir en pleine prospérité après régénération, et conserver en état de production un vignoble soumis à ladite médication dès le début de la maladie.*

Ce sont là, Messieurs, des faits extrêmement importants, et sur lesquels je me permettrai d'appeler vos méditations les plus soutenues.

Quant à savoir s'il y a intérêt ou non à régénérer des vignes très affaiblies, s'il ne serait pas préférable de les arracher et d'en replanter d'autres que l'on soumettrait en temps opportun au traitement, je suis de l'avis de l'honorable M. Marès : il serait très téméraire de se prononcer *à priori* dans un sens ou dans l'autre; la vérité est qu'il y a presque autant de solutions que de cas particuliers. Mais ce n'est généralement qu'une question de *doit* et *avoir* à résoudre. Cependant, je crois devoir ajouter, à titre de renseignement, que les vignes de 5 à 20 ans se régénèrent très facilement et plus avantageusement que les vieilles souches à tronc déformé et altéré, où la sève circule difficilement, et qui ont une vitalité moindre pour émettre de nouvelles productions radicellaires; la qualité des produits ou certaines causes morales peuvent seules entrer en jeu pour le traitement ou le non traitement de telles vignes.

2° *Application du sulfo-carbonate.* — M. Marès vous l'a également dit, le meilleur moyen d'appliquer le sulfo-carbonate consiste à le mélanger à une quantité d'eau variable et voulue, de manière à en former une solution, que l'on verse au pied des ceps dans des cuvettes ou récipients faits avec les précautions et les règles exigées par les circonstances.

C'est le mode d'application que j'ai été le premier à indiquer à la suite de mes études à Cognac sur cet insecticide, que je n'ai cessé de recommander à l'exclusion de tout autre, et que je me suis efforcé de rendre pratique dans la limite de mes moyens. Ces cuvettes ou récipients doivent être tels que tout le volume de terre infesté que l'on veut traiter soit uniformément imprégné de la solution sulfo-carbonatée.

L'application au pal, qui a été conseillée il y a quelques années, doit être rigoureusement proscrite, car l'expérience nous a appris que le sulfo-carbonate, appliqué de cette manière, n'agissait sur le phylloxera que par sa teneur en sulfure de carbone, au lieu d'agir par ses propriétés spécifiques.

De plus, avec le procédé de l'eau, chaque molécule de sulfure de carbone est placée de manière à produire son maximum d'effet utile. Dans cette circonstance, c'est comme si l'on avait appliqué la dose de sulfure de carbone contenue dans la quantité de sulfo-carbonate mise en terre, en faisant une infinité de trous de distribution, au lieu d'un ou de quelques-uns, comme cela a lieu avec le pal. D'ailleurs, les faits sont entièrement venus appuyer cette manière de voir.

3° *Quantité de sulfo-carbonate et d'eau à mettre par souche.* — Elle varie suivant les principales circonstances que voici : l'âge de la vigne, le mode de plantation, la grosseur des ceps, le degré de maladie, la nature du sol, son humidité et la saison.

D'une manière générale, on ne doit pas descendre au-dessous de 50 grammes de sulfo-carbonate par mètre carré de surface de cuvette, et de 10 à 15 litres d'eau par mètre carré, soit 500 k. de la première substance par hectare, et 100 à 120 mètres cubes de la seconde. Mais il n'y a que des avantages à recueillir en augmentant la quantité de sulfo-carbonate, car alors la régénération de la vigne se fait plus rapidement, et l'action insecticide est beaucoup plus complète en dehors de la partie imbibée par la solution sulfo-carbonatée dans le sens radial et dans le sens de la profondeur; elle est proportionnelle au degré de concentration du liquide. On peut facilement aller jusqu'à 100 grammes par mètre carré; en d'autres termes, la solution toxique que l'on emploie doit être généralement comprise entre 1/300e et 1/150e.

Il va sans dire que, pour connaître la quantité de sulfo-carbonate et d'eau à mettre par souche, il suffit de diviser les quantités que l'on doit mettre par hectare par le nombre de pieds de vigne qui se trouvent sur l'hectare complanté.

Quand le sol est très humide, argileux ou compacte, où l'absorption de la solution insecticide se fait difficilement, on peut diminuer la quantité d'eau de dilution, mais il faut augmenter la dose de sulfo-carbonate. Au contraire, lorsque la terre est très perméable, il faut augmenter la quantité d'eau, et on peut diminuer un peu la quantité de sulfo-carbonate.

D'après ces principes, Messieurs, voici, d'après les principaux cas qui peuvent se présenter, les quantités de sulfo-carbonate et d'eau à mettre par hectare : dans les plantations serrées, comprenant de 7,000 souches et au-delà, il faut de 5 à 600 kil. de sulfo-carbonate par hectare, et de 150 à 200 mètres cubes d'eau de dilution ; dans les plantations de 4,000 à 7,000 souches, on prend le pied de vigne comme base, et il y a les cas suivants à considérer :

1° Pour les jeunes plantations de 2 à 3 ans, il faut de 20 à 30 grammes par pied dans 5 ou 10 litres d'eau ;

2° Pour les vignes qui sont encore au début de l'invasion, où il n'y a que des taches çà et là, il faut de 75 à 80 grammes par souche dans 20 litres d'eau, plus 5 litres par-dessus après absorption ;

3° Lorsque l'invasion est générale et que la végétation de la vigne n'est pas encore tombée, il faut traiter toute la surface ; la séparation entre les cuvettes doit être assez mince pour que l'imbibition se fasse dans toutes les parties. Il faut de 80 à 150 grammes de sulfo-carbonate par souche dans 20, plus 10 litres d'eau, soit 500 à 600 kilog. de sulfo-carbonate par hectare, et 125 à 150 mètres cubes d'eau ;

4° Dans le cas de ceps très-malades, dont le système radiculaire a été détruit jusque dans le voisinage du tronc, et où il devient inutile de traiter au-delà des parties vivantes, on peut se contenter de cuvettes moins larges ; il suffit de traiter la base de la souche et des principales racines avec une dose de sulfo-carbonate de 60 à 75 grammes dans 20, plus 5 litres d'eau, soit environ 300 kilog. à l'hectare. Mais, quand il s'agit de traiter des vignes présentant ce degré de maladie, il est bon de donner deux traitements de 250 à 300 kilog. chacun la première année, l'un du mois de décembre au mois de mai, pour détruire le phylloxera hivernant, et un dans le courant de juillet pour combattre la réinvasion inévitable d'été et pour protéger le nouveau chevelu contre ladite réinvasion.

Dans les sols frais, substantiels, siliceux ou silico-argileux, toutes choses étant égales d'ailleurs, la régénération des vignes, comme leur défense, se fera beaucoup plus facilement que dans les sols secs, arides, calcaires, où le chevelu se renouvelle moins rapidement et où le phylloxera se multiplie davantage que dans les premiers. La bonne culture aide aussi beaucoup à la défense.

Lorsqu'il s'agit de vignes très affaiblies, l'action du sulfo-carbonate est avantageusement complétée par des fumures, des engrais chimiques azotés et phosphatés rapidement assimilables; les engrais à décomposition lente valent beaucoup moins. Mais le mieux est de traiter dès le début de la maladie, on y a tout avantage.

4° *Solution de l'application économique du sulfo-carbonate.* — La difficulté de se procurer partout à pied d'œuvre par les moyens ordinaires l'eau nécessaire pour la formation de la solution sulfo-carbonatée, était un obstacle à la vulgarisation de cet excellent remède, et il était à craindre qu'il ne fût applicable seulement qu'à certains vignobles privilégiés. Mais grâce à la collaboration de notre ami l'ingénieur Hembert, ce grave problème de l'application du sulfo-carbonate a été aussi résolu. Un outillage approprié a été inventé et créé; depuis trois ans qu'il fonctionne dans les situations les plus diverses, il est désormais établi que l'on peut avoir l'eau à pied d'œuvre, en quantité voulue, à toutes distances, à toutes hauteurs et à très bas prix.

Le système mécanique qui permet d'obtenir ce résultat se compose, en résumé, comme vous l'a dit M. Marès: d'un moteur actionnant une pompe aspirante élévatoire, d'une canalisation métallique spéciale pour conduire l'eau propulsée dans la vigne à traiter, et d'une canalisation secondaire en caoutchouc s'adaptant à un mode spécial de distribution de l'eau, qui permet aux ouvriers d'avoir toujours la solution sulfo-carbonatée dans le voisinage des parties à traiter. La manœuvre de tout cet outillage est des plus simples et des plus rapides (1). Pour donner une preuve des qualités du système, il me suffira de dire que cette année on a traité des surfaces considérables, où il a fallu envoyer l'eau à près de 4,000 mètres pour des altitudes de 60 à 70 mètres au-dessus de la prise d'eau, et qu'à cette distance la superficie traitée n'était pas moindre de 2 à 3 hectares par journée de 9 heures de travail. Je n'insisterai pas davantage sur ce côté de la question. Là encore, comme vous le voyez, Messieurs, le problème est donc aujourd'hui aussi complètement résolu en fait comme en principe.

5° *Prix de revient des traitements au sulfo-carbonate.* — Avec les procédés ordinaires d'application, le prix de revient d'un sulfo-carbonatage peut varier de 5 à 600 fr. l'hectare jusqu'à plusieurs milliers de francs, suivant les circonstances.

Avec le système mécanique, l'écart est beaucoup moins considérable, les difficultés ne se traduisent guère que par une augmentation dans la consommation du charbon, et que par des frais de pose de canalisation qui sont, en somme, assez faibles.

Cette année, dans l'Hérault, plusieurs centaines d'hectares, complantés en moyenne de 4,000 souches, ont été traités à forfait par la *Société nationale contre le Phylloxera* pour 250 fr., en mettant 250 à 300 kilog. de sulfo-carbonate par hectare. Dans le Bordelais, où l'on compte en moyenne 4,500 souches à l'hectare, on a également traité plusieurs centaines d'hectares au prix de 300 fr., avec 300 kilog. de sulfo-carbonate. D'une manière générale, pour ces deux grandes régions viticoles, il faut compter 60 fr. par chaque 100 kilog. de sulfo-carbonate

(1) Ce système mécanique, qui est breveté, est exploité par la Société nationale contre le phylloxera.

employé, et de 25 à 30 fr. par 1,000 souches traitées, tout compté.

Dans les contrées où les plantations sont plus serrées, comme dans le Rhône et la Bourgogne, on peut descendre à 10 ou 15 fr. les 1,000 souches, et dans beaucoup de cas, même au-dessous du chiffre le plus faible.

Comme vous le voyez, Messieurs, par ces données qui sont tirées de faits accomplis, le coût du sulfo-carbonatage est donc dès maintenant parfaitement possible pour la plus grande partie du vignoble français, surtout si l'on veut bien observer que chaque 100 kilog. de sulfo-carbonate de potassium contient de 25 à 28 kilog. de potasse pure, excellent engrais pour la vigne, que l'on ne saurait estimer moins, une fois placé dans le sol, de 25 à 28 fr., soit pour un traitement de 300 kilog., 75 à 80 fr. de valeur engrais, qu'il convient de défalquer du prix du traitement, ce qui abaisse dès lors ce dernier à 220 fr.

D'autre part, il est certain qu'un abaissement considérable surviendra bientôt dans la valeur du sulfo-carbonate, par suite d'une fabrication plus industrielle que celle qui a lieu jusqu'ici, et que l'on pourra encore facilement faire de ce chef une économie de 12 à 15 fr. par 100 kilog., soit par hectare, suivant la qualité employée, de 50 à 75 fr., et porter le prix ordinaire ci-dessus de 220 à 170 fr.

Mais ce n'est pas tout, Messieurs, depuis six ans que nous étudions avec la plus grande attention le sulfo-carbonate de potassium, nous avons aussi acquis la certitude que, lorsque l'on traite dès le début de la maladie, on obtient un excédant de récolte qui paye largement les frais du traitement; le même fait s'observe aussi sur des vignes qui étaient complètement ruinées, et qui ont été régénérées. La *Société nationale contre le Phylloxera* peut en offrir de nombreux exemples tirés de ses champs de démonstrations du Bordelais.

Ce sont ces faits, Messieurs, qui m'ont fait depuis longtemps déjà émettre ce paradoxe : que le passage du phylloxera dans certaines contrées sera très certainement la cause d'une évolution féconde dans la culture de la vigne, et d'où il sortira, j'en ai la conviction, une nouvelle prospérité jusque-là méconnue pour la viticulture.

6° *Ce qu'il y avait à faire et ce qu'il reste à faire pour la vulgarisation du sulfo-carbonate.* — L'efficacité du sulfo-carbonate de potassium une fois établie, et les moyens d'en rendre l'application possible à peu près pour tous les vignobles, il ne reste plus qu'à vulgariser l'usage de cette médication.

La *Société nationale* qui s'est constituée est déjà une étape extrêmement importante dans cette voie, et l'accueil sympathique qui lui a été fait jusqu'ici par la viticulture en est une preuve. La loi sur les syndicats viticoles, qui fait intervenir le gouvernement pour une fraction importante dans la dépense, vient avantageusement compléter l'œuvre de la Société.

D'autre part, les grands propriétaires ou les petits viticulteurs, en se syndicant et en se cotisant, peuvent, en payant une licence à la *Société contre le Phylloxera*, acquérir l'outillage mécanique dont nous avons parlé. Les communes peuvent également en faire autant, et avoir leur matériel à sulfo-carbonate comme leur pompe à incendie. C'est ainsi que se fera peu à peu la vulgarisation du sulfo-carbonate, et que l'on arrivera, avec l'aide des autres moyens actuellement reconnus efficaces et ceux qui pourraient l'être dans l'avenir, à combattre le fléau de la viticulture.

En effet, Messieurs, je ne suis pas exclusif, et suis heureux de confirmer l'opinion des orateurs précédents, qui vous ont dit que les quâtre moyens actuellement connus se complétaient avantageusement.

Tout en préférant de beaucoup le sulfo-carbonate à la submersion et au sulfure, tout en croyant très sincèrement que cette suprématie sera bientôt admise par tout le monde, je reconnais néanmoins sans difficulté que ces deux moyens peuvent souvent venir suppléer le sulfo-carbonate.

Quant aux vignes américaines, je n'en suis pas non plus l'adversaire systématique, mais ne croyant qu'à leur résistance relative, je pense qu'elles auront aussi besoin, dans bien des circonstances, du secours des insecticides. Toutefois, comme les traitements pourront ne pas être aussi complets ou aussi fréquents qu'avec la vigne française, si l'on peut nous faire de bons porte-greffes, il n'est pas douteux que ces vignes ne soient appelées à rendre de grands services; néanmoins, il est prudent auparavant d'avoir recours à elles, de faire tout son possible pour sauver ou conserver les plantations françaises, et de ne s'adresser aux cépages exotiques que le plus tard possible, et qu'après s'être bien assuré si l'on ne peut faire autrement et si c'est bien là ce qu'il y a de mieux à faire.

En l'absence de M. le Dr Fatio de Genève, le Président donne la parole à *M. Elisée Nicolas*, propriétaire à Bazourges (Loire), et ancien élève de l'Ecole de Grignon, pour la communication d'un rapport sur les traitements au sulfure de carbone, dans la commune de Boisset-Saint-Priest.

CONFÉRENCE DE M. ÉLISÉE NICOLAS

Messieurs,

Depuis plusieurs années, le phylloxera ravage le vignoble Forézien, et nous assistions, impuissants et désespérés, à la ruine de nos productives collines, ne connaissant pas, pour nos contrées, de moyens pratiques de lutter économiquement contre le fléau, lorsque dans une conférence faite à Montbrison, en avril 1879, MM. Crolas et Gaillard nous démontrèrent la possibilité de sauver nos récoltes: l'un, par l'emploi des insecticides, l'autre, par celui des vignes américaines.

La voie nous était ouverte; nous nous mîmes résolument à l'œuvre et, pour ma faible part, je viens vous exposer les travaux de défense entrepris depuis l'année dernière à Bazourges, d'après les conseils de M. le Dr Crolas.

L'expérience, sans doute, n'est pas de longue date, et les résultats économiques ne sont pas bien brillants cette année; mais il ne faut pas rejeter sur le phylloxera seul, le déficit de la récolte actuelle. Les vignes furent abîmées par la grêle en 1878, et l'hiver dernier, nombre de souches ne résistèrent pas à un froid exceptionnel et prolongé de 18 à 21°.

Situé à 540 mètres d'altitude, sur les derniers contre-forts des monts du Forez, le vignoble de Bazourges se trouve sur l'étage supérieur argilo-sableux du terrain tertiaire.

L'élément argileux s'oppose à l'infiltration des eaux pluviales, mais la pente du sol leur donne un écoulement naturel. Ces terres sont froides, sans éléments calcaires; elles forment une pâte épaisse et flasque pendant les pluies; elles se gercent et durcissent à la surface pendant la sécheresse, en ayant toutefois le précieux avantage de se conserver longtemps humides à l'intérieur.

Les vignes soumises au traitement offrent quelques différences dans la composition du terrain qui se trouve, d'après sa position, plus ou moins compacte, siliceux et perméable; et à ce propos, je ferai une remarque importante, c'est que le dosage de sulfure doit se faire d'après l'épaisseur de la couche végétale et non d'après la superficie du terrain, en tenant compte de sa nature, de son degré de sécheresse ou d'humidité, de l'époque du traitement, de l'âge et de la force de la vigne. Bien des accidents de végétation se sont produits et auraient pu être évités en tenant compte de ces observations.

L'époque des applications en automne et au printemps mérite surtout notre attention, et il faut prendre d'avance toutes ses mesures pour pouvoir bien commencer le travail au moment favorable: en automne, pour ne pas être surpris en pleine opération par des gelées précoces; au printemps, pour ne pas être devancés par le départ de la végétation. Surpris le 11 novembre dernier par des gelées inopinées qui survinrent au milieu de nos applications et arrêtèrent nos travaux, nous perdîmes 8,000 pieds qui furent plongés trop longtemps dans les vapeurs de sulfure emprisonnées dans le sol par une épaisse couche de terre durcie qui empêchait leur évaporation. Au printemps précédent nous avions éprouvé, dans les vignes traitées au 30 mai, à la dose de 300 k. à l'hectare, la perte complète de tous les pampres; un mois après, les pousses nouvelles étaient vertes et vigoureuses, mais la récolte était perdue. En revanche, les traitements faits en mars, jusqu'au 15 avril, ont donné de magnifiques résultats, et les vignes en 2e année de traitement sont en excellente voie de reconstitution. L'époque présumée de l'invasion remonte à environ six ans.

Non-seulement, il y avait l'an dernier par place des taches et des affaissements de végétation, mais dès 1878, plusieurs pieds, en nombre d'endroits, étaient morts.

Le vignoble était donc dans de très mauvaises conditions; depuis trop longtemps le phylloxera en avait pris possession pour songer pratiquement à le sauver. Il fallait faire la part du feu, sauver ce qui pouvait encore donner de productives récoltes et sacrifier immédiatement les parties plantées en cépages bordelais qui, en temps ordinaire, payaient à peine les frais de culture, mais donnaient un vin de qualité bien supérieure à celui de nos gamays indigènes. Le phylloxera avait aussi envahi de préférence les parties plantées en cépages étrangers, et leur état d'affaiblissement n'aurait pas permis de les conserver utilement. Il était donc plus sage de les sacrifier et de reporter ailleurs toutes les forces de l'exploitation.

Pour obtenir du sulfure de carbone des effets vraiment remarquables, pour rétablir rapidement la bonne végétation et surtout la fructification du vignoble dans les parties affaiblies, il est nécessaire de faire, à la suite du traitement, des fumures énergiques. D'après nos expériences, des fumiers de ferme mélangés avec des phosphates fossiles rétablissent le plus promptement la végétation et la fructification; après, viennent la colombine, le chlorure de potassium qui donnent à la végétation une vigoureuse impulsion.

De l'observation des faits qui se sont produits jusqu'ici, nous sommes pleinement confirmés dans l'espoir que nous avons de conserver nos vignobles, nouvellement atteints, par un judicieux emploi du sulfure de carbone et de sauver nos récoltes, en attendant que la grande et intéressante question de l'adaption et du greffage des vignes américaines soit résolue dans nos pays, comme elle l'est pour le Midi.

Il me reste à vous rendre compte des prix de revient, car avant tout, il faut prouver, en dehors des résultats obtenus, que la plupart de nos vignobles sont susceptibles de supporter ces frais de traitement qui effrayent tous nos vignerons.

La dépense est relativement faible.

Voici les résultats :

	à l'hectare.	Vignes plantées.	Prix de revient par pied	à l'hectare.
Mai 1879	dose de 300 k.	à 0.80	0.01565	et 257.80
Mai 1879	240	1m.	0.0153	— 153
Mai 1879	160	1m.	0.0119	— 119
Mai 1879	185	0.70/75	0.008	— 144
Octobre 1879	300	1m.	0.0178	— 178
Novre 1879	260	0.80	0.0140	— 218
Mars 1880	270	1m.	0.01635	— 163
Mars 1880	240	1m.	0.0142	— 142
Mars 1880	250	0.80	0.0122	— 190
Mars 1880	225	0.80	0.0118	— 184
Novre 1879	300	0.80	0.0142	— 142
Novre 1879	300	1m.	0.0179	— 179

Moyenne des prix de revient

DISTANCE entre ceps	DOSE par mètre	TROUS à l'heure	PRIX DE REVIENT par pied	PRIX DE REVIENT par hectare
1	0.030	382	0.01785	178.50
1	0.027	380	0.01694	169.40
1	0.024	496	0.0142	142
0.80	0.030	354	0.01492	233.12
0.80	0.026	369	0.0140	218.75
0.80	0.025	333	0.01255	197.90
0.80	0.0225	346	0.0118	184.40
0.70	0.0185	360	0.008	144

A 0,70 de distance entre ceps, il y a 20.391 pieds à l'hectare
A 0,75 id. 17.768 id.
A 0,80 id. 15.625 id.
A 0,90 id. 12.343 id.
A 0,95 id. 11.067 id.
A 1 mètre id. 10.000 id.
A 2 id. 2.500 id.

A 3 mètres de distance entre ceps, il y a	1.108	pieds à l'hectare
A 4	id.	625	id.
A 5	id.	400	id.
A 6	id.	277	id.
A 7	id.	204	id.
A 8	id.	156	id.
A 9	id.	123	id.
A 10	id.	100	id.

Vignes Plantées à 0,70

3 trous par cep ou 4 trous 1/4 par mètre

La dose de	0,010	par trou donne	425	kilos à l'hectare
id.	0,009	id.	382	id.
id.	0,008	id.	340	id.
id.	0,007	id.	297	id.
id.	0,006	id.	255	id.
id.	0,005	id.	218	id.

2 trous par cep ou 3 trous par mètre

La dose de	0,010	par trou donne	300	kilos à l'hectare
id.	0,009	id.	270	id.
id.	0,008	id.	240	id.
id.	0,007	id.	210	id.
id.	0,006	id.	180	id.
id.	0,005	id.	150	id.

Vignes Plantées à 0,80

3 trous par cep ou 3 trous 3/4 par mètre

La dose de	0,010	par trou donne	375	kilos à l'hectare
id.	0,009	id.	337	id.
id.	0,008	id.	300	id.
id.	0,007	id.	261	id.
id.	0,006	id.	225	id.
id.	0,005	id.	187	id.
id.	0,004	id.	150	id.

2 trous par cep ou 2 trous 1/2 par mètre

La dose de	0,010	par trou donne	250 kilos	à l'hectare
id.	0,009	id.	225	id.
id.	0,008	id.	200	id.
id.	0,007	id.	175	id.
id.	0,006	id.	150	id.
id.	0,005	id.	125	id.
id.	0,004	id.	100	id.

Vignes Plantées à 0,90

3 trous par cep ou 3 trous 1/3 par mètre

La dose de	0,010	par trou donne	333 kilos	à l'hectare
id.	0,009	id.	303	id.
id.	0,008	id.	267	id.
id.	0,007	id.	233	id.
id.	0,006	id.	200	id.
id.	0,005	id.	167	id.

2 trous par cep ou 2 trous 1/10 par mètre

La dose de	0,010	par trou donne	210 kilos	à l'hectare
id.	0,009	id.	189	id.
id.	0,008	id.	168	id.
id.	0,007	id.	147	id.
id.	0,006	id.	126	id.
id.	0,005	id.	105	id.

Vignes Plantées à 1 mètre

3 trous par pied ou 3 trous par mètre

La dose de	0,010	par trou donne	300 kilos	à l'hectare
id.	0,009	id.	270	id.
id.	0,008	id.	240	id.
id.	0,007	id.	210	id.
id.	0,006	id.	180	id.
id.	0,005	id.	150	id.

2 trous par pied ou 2 trous par mètre

La dose de	0,010	par trou	donne	200	kilos à l'hectare
id.	0,009	id.		180	id.
id.	0,008	id.		160	id.
id.	0,007	id.		140	id.
id.	0,006	id.		120	id.
id.	0,005	id.		100	id.

Les hommes font en moyenne 365 trous à l'heure. (Un homme manie le pal, un autre bouche immédiatement le trou, en le damant fortement avec un pilon.)

					Travail pour 2 hommes
A 1^m	2 trous par cep, il faut		20.000	trous à l'hectare, soit	54 h.
A 1	3	id.	30.000	id.	82
0,90	2	id.	24.686	id.	67
0,90	3	id.	37.029	id.	101
0.80	2	id.	31.250	id.	85
0,80	3	id.	46.875	id.	127
0,70	2	id.	40.782	id.	112
0,70	3	id.	61.173	id.	168

A 0,50 l'heure de travail de deux hommes, on a donc pour la main d'œuvre :

A 1	mètre avec	2	trous par cep,	27	francs par hectare
1	id.	3	id.	41	id.
0,90	id.	2	id.	33.50	id.
0,90	id.	3	id.	50.50	id.
0,80	id.	2	id.	42.50	id.
0,80	id.	3	id.	63.50	id.
0,70	id.	2	id.	56	id.
0,70	id.	3	id.	84	id.

Le prix du sulfure de carbone étant de 45 °/₀ rendu en gare, le prix de revient de l'hectare est facile à déterminer, en ajoutant au prix du sulfure le montant des frais de transport de la gare à l'exploitation, l'intérêt, l'usure des pals, etc.

PRIX DE REVIENT

Le prix de revient varie avec la dose de l'injection, le prix du sulfure de carbone et celui de la main-d'œuvre.

Le sulfure de carbone, rendu franco en gare, revient actuellement à 45 0/0. Pour faire face au prix de transport au vignoble et à l'usine des pals, portons le prix du sulfure à 47 0/0.

Les frais de main-d'œuvre pour un traitement simple sont de 41 fr. par hectare planté à 1 mètre, de 63 fr. pour une vigne à 0,80.

TRAITEMENT SIMPLE

Vigne plantée à 1 mètre :

250 kilog. sulfure de carbone à l'hectare....	117 f.	50
Main-d'œuvre, 82 heures à 0,50............	41	»
Il faut ajouter la fumure et la culture du sol :		
La culture coûte au maximum..............	230	»
Fumure : 5 kilog. de fumier par souche à 1,20 0/0 enfoui 10,000 pieds = 50,000 kilog. = 600 fr. pour 3 ans et par an le tiers, soit..	200	»
	588 f.	50
Or, le rendement moyen de 50 hectol. à 40 0/0	2,000	
Il reste à bonifier de francs................	1,411	50

Vigne plantée à 0,80.

260 kilog. sulfure de carbone.............	122 f.	20
Main-d'œuvre, 127 heures à 9,50..........	63	50
Frais de culture........................	250	»
Fumure : 78,125 kilog. à 1,20 0/0 = 937,50 pour trois ans et par an................	312	50
	748	20
Or, le rendement moyen de 50 hect. à 40 0/0	2,000	»
donne encore un boni de francs..........	1,251	80

Ces prix de revient, obtenus dans des terres argileuses, de moyenne pénétration, ne sont pas exagérés, et le rendement de nos vignes laisse une marge assez grande pour supporter cette nouvelle dépense.

Après deux années de traitement dans les terres argileuses de Bazourges, qui appartiennent à l'étage supérieur argilo-sableux du terrain tertiaire; ayant, à une grande profondeur, une épaisse couche d'argile à tuilière, dont la composition est la suivante :

Silice	65
Alumine	33
Oxyde de fer	2
Traces d'alcali	»

Après, dis-je, deux années de traitement et d'expérimentation, je crois devoir tirer les conclusions suivantes sur la pratique des applications. Le sulfure doit être injecté dans le sol, aussi profondément que possible, car la diffusion des vapeurs se fait plutôt en vertu de leur propre tension que par leur densité, et la couche superficielle du terrain étant ameublée par suite des façons culturales, les vapeurs tendent toujours à s'échapper dans l'air plutôt que de pénétrer dans les couches imperméables du sous-sol. Il faut veiller à ce que les ouvriers ne mettent que la dose prescrite, qu'ils bouchent soigneusement les trous d'injection immédiatement après l'enlèvement du pal, et qu'ils distribuent régulièrement les trous sur la surface du vignoble. Le traitement ne doit être fait, en temps favorable, que sur des vignes encore en état de le recevoir utilement; car si la vigne est déjà trop atteinte, si la végétation y est par trop affaiblie, l'action du sulfure pourra activer sa mort, et si elle ne meurt pas, il faudra plusieurs années pour la ramener à fructification. Il ne faut pas attendre pour traiter que les signes extérieurs soient manifestes. Armé de la loupe et de la bêche, le vigneron doit veiller attentivement sur l'état des racines de sa vigne, et dès que la présence de l'insecte est constatée, il faut immédiatement traiter, non-seulement le point d'attaque, mais le vignoble entier.

La parole est à *M. le docteur Crolas*, professeur à la faculté de médecine de Lyon.

CONFÉRENCE DE M. CROLAS

Messieurs,

Nous espérions avoir parmi nous deux viticulteurs de Libourne, MM. Falières et Giraud, dont les noms sont déjà connus de beaucoup d'entre vous.

Malheureusement, empêchés au dernier moment, ils n'ont pu répondre à notre invitation. Nous devons le regretter tout spécialement, car ces messieurs sont d'anciens membres de cette association viticole de Libourne, qui a publié de si intéressants travaux, et qui, dès 1876, a institué et conduit avec tant de méthode des expériences ayant pour but l'application pratique du sulfure de carbone. Ces messieurs auraient pu affirmer devant nous les heureux résultats qu'ils ont obtenus, et formuler les conditions exactes des traitements à doses modérées auxquels ils se sont arrêtés définitivement, et qui conviennent à notre région comme à la leur.

Vous me permettrez de vous communiquer les lettres qu'ils m'ont adressées et dans lesquelles ils affirment leur confiance dans le sulfure de carbone.

Pomerol (par Libourne), le 10 septembre 1880.

Monsieur,

« Me trouvant empêché, au dernier moment, de me rendre « au Congrès de Lyon auquel vous avez bien voulu me con- « vier, je viens vous rendre compte de mes applications de « sulfure de carbone dans mon vignoble de Pomerol, près « Libourne.

« Mes premiers essais ont eu lieu à la fin de l'hiver 1876, « à l'aide des cubes en bois de M. Rohart, et sous la direc- « tion de feue l'association viticole de Libourne qui a reçu, « l'an dernier, de l'autorité administrative, la récompense que « vous savez, de travaux qui n'ont pas été sans importance « ni sans retentissement.

« La première application officielle de ces cubes eut lieu « sur quelques centaines de pieds. Elle eut pour résultat la « destruction complète du phylloxera sur les racines des ceps « traités et, à la suite de cette constatation, je poursuivis, la « même année, l'application pour mon compte sur environ « trois hectares, avec le même succès.

« Le prix élevé de l'opération (plus de 500 fr. par hectare) « détermina, en 1877, M. Falières, le secrétaire général, et, je « puis le dire, l'âme de notre association, à proposer l'applica- « tion du sulfure de carbone à l'état liquide, mais mélangé, « pour en ralentir l'évaporation, au coaltar ou à l'huile lourde. « Le résultat fut le même que pour les cubes, mais avec une « diminution de dépense de plus de moitié.

« Dans l'intervalle, nous eûmes connaissance des applications « heureuses de sulfure de carbone pur par la Compagnie « P.-L.-M. et, à partir de 1878, nous renonçâmes à tout « mélange pour employer le sulfure pur, à l'aide de l'excellent « pal Gastine, et à raison de 200 à 250 kilog. par hectare, en « une seule application d'hiver.

« Je traitai, cette année là, environ 12 hectares et vous avez « pu, Monsieur, en constater les heureux résultats avec la « commission internationale. Mon prix de revient, qui se « trouva être la moyenne de huit ou neuf applications faites « sous la direction de l' association viticole, fut de 175 fr. par « hectare. Ce prix de revient s'est réduit successivement, « depuis, avec la diminution du coût du sulfure et le perfec- « tionnement de la main d'œuvre. En 1879 j'ai traité 20 hec- « tares à raison de 150 fr. l'un, et cette année, la même « quantité à raison de 135 fr. seulement.

« J'ai dit plus haut que la méthode de l'association viticole « de Libourne ne comporte qu'une seule application d'hiver, « l'expérience lui ayant prouvé qu'elle suffit pour notre région. « Les fouilles faites régulièrement, de mois en mois, ont « montré les racines exemptes d'insectes jusqu'au mois « d'août, sauf des exceptions tellement rares qu'il est permis « de les négliger. La réinvasion a lieu, à cette dernière époque. « mais seulement sur l'extrêmité des radicelles les plus

« récentes et sans altérer les racines formées. Je viens de faire, « le 2 août courant, des fouilles dans mon domaine, et j'ai « trouvé à peine quelques rares nodosités sur un 10me des ceps « fouillés. La constitution des racines est irréprochable, et les « vignes traitées, depuis trois et quatre ans pour les plus « malades, depuis deux ans pour celles moins atteintes, est « redevenue absolument normale, j'oserai même dire plus que « normale, car la moyenne des sarments dépasse deux mètres « de longueur, ce qui est plus que satisfaisant pour nos terrains « graveleux et un peu maigres.

« Tous les ceps auxquels on avait pu appliquer, cet hiver, « une taille suffisamment allongée étaient couverts, au prin- « temps, de formances bien nourries. Malheureusement, les « pluies persistantes de juin survenues en pleine floraison ont « déterminé une coulure désastreuse, mais les variétés moins « sujettes à la coulure, telles que le carmenet-sauvignon, et « les pieds auxquels une floraison plus précoce avait permis de « nouer leurs fruits, sont chargés de grappes bien constituées « et en train de mûrir dans d'excellentes conditions. Pendant « ce temps les vignes voisines des miennes et non traitées n'ont « cessé de dépérir. J'ai telle parcelle qui forme aujourd'hui « une île verdoyante au milieu de terrains désolés. Mais je dois « ajouter que la plupart des propriétaires de la commune, « vaincus par l'évidence, attendent aujourd'hui leur salut du « sulfure. J'ai formé, l'an dernier, un syndicat comprenant « 22 membres, presque tous paysans propriétaires ; cette année, « les demandes d'adjonction, si elles sont accueillies, en por- « teront le nombre à plus de soixante.

« Les résultats de mes traitements, au point de vue insec- « ticide, ont été de même partout, mais ils ont été singu- « lièrement favorisés, au point de vue de la végétation et d'une « rapide reconstitution par l'adjonction de fumiers ou d'engrais « chimiques. Parmi ces derniers, j'ai particulièrement à me « louer de la composition adoptée par l'Association viticole de « Libourne et que vous connaissez, Monsieur, car je crois que « vous avez contribué, avec notre ami M. Falières, à en déter- « miner la formule. J'ai obtenu également les meilleurs ré-

« sultats d'une combinaison qu'a bien voulu m'indiquer M. L. « Faucon, de Graveson, et que je me propose d'appliquer beau- « coup plus en grand à la prochaine campagne.

« Je ne vous parle, Monsieur, avec quelques détails, que de « mon vignoble, parce que la dissolution de notre Société a « entraîné celle des commissions chargées par elle d'explorer « les divers cantons de l'arrondissement; mais je sais que plu- « sieurs propriétaires, qui ont fait avec intelligence des appli- « cations de sulfure, dans des conditions de sol différentes, en « ont obtenu les mêmes effets. Je citerai, en tête, notre hono- « rable et très cher ex-président, M. Piola, dans les calcaires « de St-Emilion; M. Matignon, dans les terres grasses et pro- « fondes de Ste-Foy; M. du Foussat, dans les argiles de l'entre- « deux mers; M. Alezais, sur les coteaux marneux du Fronsa- « dais; et plusieurs autres dont la nomenclature allongerait « une lettre déjà trop longue.

« Je ne voudrais pourtant pas la terminer sans y ajouter la « constatation de trois faits, qui ne sont pas sans intérêt et sans « instruction.

« 1° Les applications faites dans l'hiver excessivement mouillé « de 1879 ont donné quelques mécomptes. J'ai perdu pour mon « compte environ 1,200 ceps qui n'ont pas poussé du tout. La « même quantité, à peu près, n'a donné qu'une végétation « faible et maladive. Ces accidents ne se sont produits que dans « les pièces les plus humides et *traitées pour la première fois.* « Les ceps qui n'ont pas succombé ont repris cette année une « végétation satisfaisante.

« 2° Une pièce d'environ un hectare avait été traitée avec « un tel succès en 1878 et 1879, qu'il avait été impossible, « même bien avant dans l'automne, d'y retrouver aucun insecte. « Les racines nouvelles étaient superbes et la végétation en « bonne voie de reprise. Sur le conseil de M. Marion, j'y ai « suspendu le traitement cette année, me bornant à une appli- « cation d'engrais. La végétation en est très belle et les « feuilles d'un vert intense; mais des fouilles pratiquées le 2 du « courant ont montré du phylloxera à tous les pieds, sur l'ex- « trémité des radicelles. Les racines paraissent bien intactes. Il

« est vrai que cette pièce est contiguë, par trois côtés, à des « vignes non traitées et dont toutes les racines, grosses ou « petites, sont cousues d'insectes dans toute leur longueur.

« 3° J'ai eu le regret de constater, le mois dernier, le phyl- « loxera dans les terrains sablonneux qui s'étendent de Libourne « au bas de Saint-Emilion, et qui étaient jusqu'ici considérés « comme indemnes. Ils avaient, à ce titre, acquis une grande « valeur et se couvraient de plantations nouvelles.

« Voici l'analyse faite par M. Falières, en 1879, du sol de la « pièce de vigne à laquelle je fais allusion :

« Cailloux d'un diamètre supérieur à 1mm	5,5
« Sable siliceux..........................	75,5
« Calcaire	0,5
« Argile et humus	18,5
	100

« En m'excusant de la longueur de cette lettre, de laquelle « vous voudrez bien extraire ce qui pourra vous paraître utile, « je vous prie d'agréer, Monsieur, mes civilités les plus distin- « guées.

« L. GIRAUD,

« *Ancien Vice-Président de l'Association viticole de Libourne,*
« *Président du Syndicat de Pomerol (Gironde).* »

« Mon cher collègue,

« Comme vous le mande ma dépêche de ce matin, il me « sera impossible, à mon grand regret, d'assister aux séances « du Congrès. Que vous aurais-je dit, d'ailleurs, que ne con- « tienne si bien et avec tant de loyale précision la lettre de « notre honorable ami, M. Giraud. Plus se généralise l'emploi « du sulfure de carbone, plus la conviction grandit chez tous, « que par lui les vignes françaises peuvent et doivent être « sauvées.

« Je vous dirai, en outre, que de ma propre expérience « résulte la preuve, à mon sens, qu'on peut replanter avec « sécurité des vignes indigènes, même sur terrain d'arrachage,

« à la condition de les défendre dès la première ou la seconde « année.

« Donc, sans exclure aucun système rationnel ou légitime, « sans déclarer surtout que tout est pour le mieux, vous pouvez « hardiment vous autoriser de nos exemples pour affirmer « l'efficacité du sulfure de carbone et à des prix de revient « abordables à tous, en tout cas inférieurs, dans presque toutes « les circonstances, aux dépenses de la submersion.

« Bien cordialement à vous.

« FALIÈRES. »

Dans notre région, nous nous sommes inspirés des expériences faites par le Comité du P.-L.-M. et par l'Association de Libourne. Il est certain pour nous, aujourd'hui, comme nous l'avons pensé dès le début de nos traitements, que nous devons nous en tenir aux doses de 200 à 250 kilos de sulfure par hectare, et pratiquer les traitements pendant l'hiver et le premier printemps, mais de préférence en février et mars.

Un traitement officiel a été fait dans le champ d'expériences du département à Saint-Germain-au-Mont-d'Or.

Nous avons pris une vigne d'un hectare et demi, phylloxérée depuis trois ans, et nous l'avons traitée dès mars 1879, — en appliquant sur une moitié le traitement réitéré de la compagnie P.L.M, sur l'autre le traitement simple de Libourne.

En 1880 et en mars, nous avons appliqué le traitement de Libourne à toute la surface

Dès le début, nous avons eu soin de réserver de chaque côté de la vigne traitée une certaine quantité de lignes de ceps, que nous n'avons pas traités.

Nous avons fumé les parties non traitées comme les parties traitées en 1879. — La culture a été la même également pour l'ensemble de la vigne.

Dès la première année, nous avons constaté une grande différence entre les parties soumises au traitement et les autres, au point de vue de la végétation et de la fructification.

Les insectes qui étaient en grand nombre dans les parties abandonnées, avaient complètement disparu dans celles sulfurées, jusqu'au mois de juillet, époque à laquelle on en retrouva une certaine quantité. Cette année, il n'y a plus de comparaison possible, les vignes traitées sont très belles, ont donné une vendange ordinaire ; les autres sont ou mortes ou dans un état de végétation qui fait présumer que l'an prochain elles n'existeront plus.

Un fait à noter, c'est que cette année nous n'avons pas encore pu trouver d'insectes dans les parties traitées. Si nous nous trouvons dans les mêmes conditions l'an prochain, nous nous dispenserons probablement d'appliquer le sulfure.

Mardi matin, nous ferons une excursion au champ d'expériences de Saint-Germain, nous serons très heureux de vous y voir aussi nombreux que possible. — Les résultats, que nous mettrons sous vos yeux, vous convaincront bien plus que tout ce que je pourrais vous dire ici.

Il a été fait, en dehors de ce traitement officiel dans la région, une certaine quantité d'applications de sulfure par des propriétaires isolés ou réunis en Syndicat. Tous ceux qui se sont mis dans des conditions normales, c'est-à-dire qui ont appliqué le sulfure à des doses modérées, en temps voulu et qui ont traité des vignes encore en état d'être conservées, sont de notre avis. — Ils pensent comme nous, que l'on peut, en s'y prenant à temps, conserver les vignes françaises avec le sulfure de carbone.

J'ajouterai, en terminant, que la moyenne des frais des traitements effectués dans notre région fait ressortir le prix de revient à 130 francs l'hectare, le sulfure coûtant 40 francs les 100 kilos.

La séance est levée.

Lundi 13 septembre 1880

PREMIÈRE SÉANCE

Prennent place au bureau : M. Bender, président : MM. Gaston Bazille, sénateur de l'Hérault, et Malens, sénateur de la Drôme.

M. Bréheret, secrétaire, lit les procès-verbaux des deux séances du 12 septembre. Après des rectifications de MM. Lichtenstein, Marès et Mouillefert, ces procès-verbaux sont adoptés.

A la suite d'une discussion à laquelle prennent part plusieurs membres de l'assemblée, M. le Président donne la parole à *M. Crozier*, secrétaire général de la Société de Viticulture de la Loire, qui fait le compte-rendu du Congrès des Vignes françaises à Clermont-Ferrand.

CONFÉRENCE DE M. CROZIER

Il constate avec regret que ses séances ont été peu suivies, et déplore l'insouciance des viticulteurs qui est presque partout la même. Après un coup d'œil d'ensemble sur ce congrès, M. Crozier passe en revue les théories et faits qui ont été exposés par les principaux orateurs. — C'est M. Boiteau qui débute par la biologie du phylloxera dont il décrit les mœurs et les diverses transformations. La recherche de l'œuf d'hiver et sa destruction sont l'objet des études actuelles du savant professeur. M. de Laffitte explique comment se produit l'invasion phylloxérique et dit qu'elle se manifeste, avec plus ou moins de rapidité, suivant la vigueur du cépage, la fertilité du terrain et les influences climatériques. L'existence d'un foyer qui se révèle par un dépérissement de la vigne accuse une invasion déjà ancienne de 2 ou 3 ans. La recherche des foyers non apparents est difficile et aboutit bien souvent à des résultats trompeurs.

Avec M. Boiteau il soutient que la destruction de l'œuf d'hiver est le véritable point de départ des opérations à entreprendre pour arriver méthodiquement à l'extinction du fléau. Malheureusement, cet œuf est à peu près introuvable.

M. le Docteur Langlois fait connaître les heureux résultats obtenus dans les vignobles de Longeat par le sulfure de carbone, dont il a dirigé en personne l'application.

M. Catta et d'autres délégués aux traitements administratifs viennent aussi nombrer les succès qu'ils ont obtenus avec ce même insecticide ; M. Catta a pu l'appliquer à la dose de 150 grammes par mètre carré, sans que la vigne ait paru en souffrir.

M. Dumas, Président de la Commission supérieure, n'a pas la pensée de mettre en doute ce qui vient d'être dit, mais il ne voudrait pas qu'on pût en exagérer la portée. Il rappelle qu'à côté d'un certain nombre de succès, on a enregistré des échecs sérieux qui ont produit sur les populations viticoles une impression fâcheuse, et démontré que le sulfure de carbone n'est pas sans danger pour le végétal. Il serait, dit-il, à désirer que l'on trouvât dans la nature un insecte destructeur du phylloxera; des recherches faites dans ce sens ont déjà donné quelques résultats encourageants. En attendant mieux, il conseille l'un des moyens de défense dont l'efficacité relative ne saurait être mise en doute : la submersion, là où elle est possible, les sulfocarbonates et le sulfure de carbone, appliqués suivant les meilleures méthodes.

M. Boiteau, qui a de nouveau la parole, déclare qu'à l'origine on a fait un emploi brutal du sulfure de carbone ; de là ces échecs nombreux qui l'ont discrédité. Son action est trop violente pour qu'elle ne soit pas dangereuse pour le végétal, quand le dosage est exagéré, l'application mal faite ou intempestive. Ce dosage doit varier suivant la nature du sol, sa compacité, sa profondeur perméable, l'âge et la vigueur de la vigne, le climat et l'état de la température. Fréquents sont les accidents dans les terrains argileux et trop humides, rares au contraire dans les terrains légers et profonds. Il déconseille les traitements de printemps, tolère ceux d'été, mais recommande ceux d'hiver. — En moyenne, 18 à 25 grammes de sulfure de carbone suffisent par mètre carré. Il ne faut pas dans un traitement cultural avoir la prétention de détruire tous les phylloxeras; beaucoup échappent à l'action du sulfure, notamment ceux qui vivent sur les racines superficielles, à plus forte raison ceux qui résident sur les souches près de terre, ce qui n'est pas rare, dans les vignes qu'on butte en hiver. Aussi, croit-il que le badigeonnage de la souche doit être le complément de tout traitement, comme la fumure est le complément nécessaire du traitement par le sulfure de carbone. Les huiles lourdes de schiste ou de goudron mélangées d'un lait de chaux forment un excellent badigeon.

M. Catta appuie les explications de M. Boiteau pour démontrer que dans les traitements au sulfure de carbone il faut tenir compte aussi bien de l'état de la température que de la nature du terrain ; mauvais, dit-il, sont les traitements faits immédiatement avant la pluie, ou pendant la pluie ; funestes sont ceux effectués immédiatement après la pluie.

M. de la Loyère ne veut rien dire contre les insecticides employés jusqu'à ce jour et qui auraient donné de bien meilleurs résultats si leur action était moins passagère. Il voudrait un insecticide plus persistant, il l'entrevoit dans les huiles minérales.

M. de Laffitte s'est donné la tâche de démontrer les inconvénients et l'insuffisance des moyens de préservation employés jusqu'à ce jour : L'inondation entraîne des dépenses considérables de construction de prise d'eau, chaussées, fossés d'assèchement et autres travaux dont la confection est coûteuse, le tout pour ne pas garantir des réinvasions estivales. — Peu de vignobles, d'ailleurs, sont susceptibles d'être submergés.

L'emploi des sulfocarbonates exige une si grande quantité d'eau qu'il est impraticable dans la plupart des vignobles; il ne préserve pas des réinvasions, son prix de revient est excessivement élevé, ce qui ne le rend possible que dans les vignes de grand rendement. Quant au sulfure de carbone, son action est à coup sûr des plus énergiques, mais ainsi qu'on l'a dit, elle est souvent funeste. Le dosage, pour être bien fait, doit tenir compte de tant de circonstances qu'il devient plutôt une opération de laboratoire qu'une pratique culturale à la portée de tous les vignerons. — Le prix de revient, quoique moins élevé que celui du traitement par les sulfocarbonates, est encore excessif pour les vignobles de petits rendements.

M. de Laffitte n'est pas partisan de la création de canaux pour la submersion des vignes, parce qu'il craint qu'en la généralisant, la submersion devienne une cause d'insalubrité. Il s'élève aussi contre le système dans lequel est entré le gouvernement de subventionner les syndicats qui s'organisent en vue de faire usage des sulfures de carbone, pour la défense de leurs vignobles. Il cherche à démontrer que ces subventions ne sont pas équitables et qu'elles seraient bien mieux justifiées si elles étaient employées à la création de champs d'expériences. Il est aussi de cet avis qu'il faut rechercher des insecticides plus persistants. Il fait à propos des bitumes de Judée, des communications intéressantes.

M. Dumas dit qu'il considère comme très sérieux l'essai à faire des huiles extraites de ces bitumes. Il a pu s'en procurer par le consul de Jérusalem, il en met à la disposition du comité chargé du traitement de Mezel. La tache de Mezel étant la seule du département, il voudrait que rien ne fut négligé pour la faire disparaître et ramener le Puy-de-Dôme à la catégorie des départements indemnes. Pour atteindre ce but, il propose de traiter la tache de Mezel par un triple traitement : sulfure de carbone en hiver, sulfo-carbonate de potassium et badigeonnage au printemps ou en été. Loin de se laisser décourager par les premiers échecs, il faut au contraire persévérer dans la lutte, ne serait-ce que pour prolonger de quelques années l'existence de nos vignobles. D'ici là, peut-être, la Providence nous venant en aide, le fléau aura disparu ; ou plutôt, la science secondée par la pratique nous fournira un moyen efficace de résistance. M. Dumas ne doute pas, d'ailleurs, que l'Auvergne par son climat, son altitude, ses cours d'eau, ses montagnes, ne trouve dans la nature des moyens de défense qui rendront l'invasion moins rapide et la défense plus facile.

M. Demole, délégué du gouvernement de Genève et du Comité

central de la Haute Savoie, dit que, jusqu'à ce jour, on ne s'est pas assez occupé de la recherche des foyers phylloxériques. Ce soin a été laissé le plus souvent aux comités de vigilance qui n'ont rien fait, pour cette bonne raison qu'ils ne sont pas payés. Pendant ce temps, le phylloxera dissémine ses colonies, étend ses ravages sans que lacs ni montagnes lui créent un sérieux obstacle. Il nous apprend que les traitements qui ont été entrepris en Savoie ont été suivis de si peu d'effets, que la population découragée demande l'introduction des cépages américains.

Ensuite, on a créé un personnel chargé de faire les recherches et les traitements d'extinction; les dépenses sont couvertes par des primes d'assurances rendues mutuelles et obligatoires pour tous les propriétaires de vignes. Déjà les bons effets de cette organisation se sont fait sentir: on vient de signaler dans le canton de Neuchâtel 14 taches jusque-là inconnues, et 4 dans le canton de Genève. Le prix des traitements d'extinction s'élève jusqu'à 3,000 francs par hectare. M. Demole voudrait, dans un intérêt général et international, qu'il y eût dans chaque département viticole, comme en Suisse, des brigades de recherches et d'extinction des foyers phylloxériques.

Le Président de la Commission de vigilance de la Côte-d'Or défend les commissions de vigilance dont le dévouement n'a pas besoin d'être salarié.

On sait, dit-il, à quels résultats on en est arrivé dans la Côte-d'Or et ailleurs, avec ces agents salariés dont la pression a souvent manqué de mesure et irrité les populations.

M. Dumas soutient, quoiqu'en dise M. Demole, que les montagnes et les cours d'eau, à plus forte raison les lacs, sont de véritables obstacles à l'invasion phylloxérique; les grands propagateurs du fléau, il ne veut pas les nommer pour ne pas leur faire une fausse position; l'histoire, plus tard, dira leur nom. Dans cette enceinte hostile aux cépages américains, M. Daguilhon, membre du Comité de vigilance du Puy-de-Dôme, agronome et publiciste, a pu faire cette communication inouïe que des savants ont accueillie avec une complaisance qui se passe de commentaires.

M. Daguilhon avait un amandier greffé sur prunier préférant les prunes aux amandes, il coupe son arbre au-dessous de la greffe, malgré cela, son prunier continue à lui donner des amandes. De même pour un nèflier greffé sur aubépin, un coup de vent emporte le greffon, ce qui n'empêche pas à l'arbre de produire des nèfles. D'où M. Daguilhon conclut que le greffon dénature le sujet, que, par conséquent, la vigne française greffée sur vigne américaine dénaturera cette dernière et lui enlèvera ses facultés de résistance, si tant est qu'elle résiste. Pareille erreur est une de ces bévues qu'il faut signaler, mais non discuter.

Jusqu'à la dernière séance, il avait été dit peu de choses du sulfocarbonate de potassium. C'est M. Mouillefert qui est venu le faire valoir, vanter son emploi et son bon marché. Pour lui, comme pour M. Catta, la défense des vignes françaises est assurée, ce n'est plus qu'une question d'argent.

Cependant M. Aubergier a parlé des traitements faits à Mezel, soit avec le sulfocarbonate de potassium, soit avec le sulfure de carbone, traitements qui, loin d'avoir donné de bons résultats, ont été l'objet de plaintes qui sont arrivées jusqu'au conseil général du département dans sa dernière session.

M. Crozier se résume en faisant part de ses impressions personnelles. Le Congrès de Clermont n'a guère contribué à affermir sa confiance dans les insecticides. MM. Boiteau, de Laloyère, de Laffitte, M. Dumas lui-même, en avouent l'insuffisance et cherchent dans le badigeonnage et les huiles minérales de nouveaux éléments de combat; l'emploi du sulfure de carbone, à côté de quelques bons résultats, a donné bien des mécomptes. — On cherche encore le véritable remède, on tâtonne, on espère, mais on n'est sûr de rien. M. Crozier pense qu'il suffit que quelques bons résultats aient été obtenus par le sulfocarbonate et par le sulfure de carbone, pour que chacun de ceux qui ont des vignes à conserver se fasse un devoir de tenter la défense. Notre intérêt, l'intérêt de la France nous commandent de défendre, pied par pied, les vignes qui nous restent. Qui sait? celui qui s'y attend le moins viendra, peut-être, augmenter le nombre de ceux qui ont compté des succès! Mais la prévoyance nous commande aussi de préparer des pépinières de cépages américains, pour reconstituer nos vignobles si, comme il est à craindre, nous ne parvenons pas à les sauver.

M. le Docteur Fatio, de Genève, prend ensuite la parole sur l'état de la question phylloxérique en Suisse.

CONFÉRENCE DE M. FATIO

Toutes les contrées viticoles, dit M. le Dr Fatio, peuvent se trouver dans les quatre situations suivantes : 1° complètement indemnes ; 2° faiblement attaquées ; 3° phylloxérées sur une vaste échelle ; 4° entièrement détruites, et on peut dire qu'en face de chaque situation se présentent divers moyens de défense.

Quoique indemne, une contrée doit lutter contre les apports commerciaux de plants indigènes ou étrangers, et dans ce cas une grande surveillance aux frontières est nécessaire.

Dans la seconde situation, qui est celle de la Suisse, il faut lutter contre les apports et contre le phylloxera lui-même tant par la surveillance que par la destruction immédiate des points contaminés.

Lorsque l'insecte déborde le viticulteur, celui-ci doit se résigner et abandonner une part au vainqueur, mais il doit aussi essayer de conserver la sienne le plus longtemps possible, par les traitements culturaux.

Enfin, si le vignoble est entièrement détruit, on peut faire d'autres cultures ou celles des vignes résistantes, en passant plus ou moins rapidement d'un de ces systèmes à l'autre.

Les deux premiers cas sont ceux qui offrent actuellement le plus d'intérêt pour la Suisse, et ce sont de ceux-là seulement que M. le Dr Fatio entretiendra le Congrès.

La Suisse est attaquée depuis 1867, par suite d'apports de plants étrangers faits sur trois points : à Genève ; à Mulberg, canton de Thurgovie ; et à Neuchatel. Le phylloxera a été découvert en 1874 à Prégny, près de Genève ; en 1875 à Mulberg, et en 1877 à Neuchatel où il existait depuis dix ans sur deux ou trois foyers.

La partie orientale de la Confédération helvétique est maintenant complètement indemne, ou du moins on n'y a rien observé depuis la destruction en 1875 des ceps reconnus atteints à Mulberg. Genève n'a plus qu'un petit foyer découvert au mois d'août dernier. Neuchâtel a trois nouveaux foyers découverts cette année: les cinq plus anciens, opérés en 1877, ne se sont guère étendus depuis lors, grâce à une continuelle surveillance et à de promptes interventions.

Dès que le fléau a été signalé en Suisse, les autorités cantonales et fédérales ont donné le droit de faire des investigations, de traiter les points attaqués et voté des indemnités aux propriétaires des terrains où les traitements d'extinction étaient opérés. Dans les premières années, on détruisait la vigne sur un rayon de 100 m. autour des foyers, tandis qu'aujourd'hui, sachant mieux découvrir les éclaboussures extérieurement invisibles qui peuvent se trouver même au-delà de cette distance, on a modifié en condamnant séparément chacun des points d'attaque découverts avec une marge de 2 à 5 ou 6 mètres, suivant l'âge du mal. Des visiteurs instruits *ad hoc* doivent avoir une surface relativement petite à surveiller et faire deux visites chaque année, la première dans le courant de juin, en général, pour rechercher les attaques anciennes méconnues; la deuxième à la fin de juillet ou en août autant que possible, avant l'essaimage. Cette dernière visite se fait presque souche à souche autour des foyers connus, afin de déterminer exactement la surface envahie par l'insecte.

Lorsque les visiteurs ont constaté un point d'infection, on entoure celui-ci d'un cordon, et un drapeau rouge indique que personne ne doit y pénétrer jusqu'au traitement ; de plus, la vigne est mise sous séquestre. Durant ces perquisitions minutieuses, les ouvriers ne quittent pas une place reconnue attaquée sans qu'on ait préalablement désinfecté leurs chaussures et leurs outils au moyen de l'acide sulfureux, car on a remarqué, sur plusieurs points, que de nouvelles attaques devaient être attribuées à des apports d'insectes ou d'œufs par les pieds ou les outils qui avaient, par des temps humides surtout, passé ou travaillé sur des places phylloxérées.

La Suisse persiste dans les applications toxiques estivales en vue d'entraver l'essaimage, et l'on cherche même à tuer le plus promptement possible la vigne malade qui doit être arrachée et brûlée pendant l'hiver. En 1874 et en 1875, on a employé le sulfo-carbonate de potassium, mais on a reconnu qu'il n'était pas assez énergique pour obtenir la mort simultanée de l'insecte et de la plante. On l'a remplacé ensuite par la néoline et l'acide sulfureux anhydre qui, à doses assez élevées, peuvent tout tuer du même coup. Enfin, cette année, ce second procédé étant trop coûteux, on a essayé du sulfure de carbone, à raison de 150 grammes répétés à 12 jours de distance par pied de vigne. A ce propos, M. le Dr Fatio remercie publiquement l'illustre directeur du P.-L.-M., ainsi que les moniteurs de cette compagnie qui, appelés cette année en Suisse pour expliquer l'application du sulfure de carbone aux visiteurs et aux ouvriers suisses, ont montré à la fois une grande connaissance du sujet et une certaine complaisance.

Si on ne tue pas la vigne, il survit toujours quelques insectes ou quelques œufs, mais lorsqu'on a bien opéré avec des doses suffisantes, il n'en devrait plus rester: cependant, par surcroît de précaution, on arrache encore l'espace condamné pendant l'hiver; après quoi, on interdit de planter de la vigne aussi longtemps que le phylloxera existe dans le voisinage.

Les dépenses relatives à la surveillance, aux visites, aux traitements et aux indemnités, sont payées partie au moyen de fonds recueillis par un système d'assurances obligatoires et constituant ainsi un nouvel impôt, partie par les fonds du canton attaqué et de la caisse fédérale. La Confédération participe pour un tiers dans les frais de traitement et de destruction. A Genève, le taux de l'assurance est de 0 fr. 05 à 0 fr. 15 par are, suivant la valeur de la vigne; dans le canton du Valais, les viticulteurs paient 0 fr. 05 par 100 fr. de valeur cadastrale; dans celui de Vaud, 0 fr. 25 par 1,000 fr. de la même valeur; enfin dans le canton de Neuchâtel, on paye 0 fr. 15 par are.

L'idée des assurances a été combattue, mais en Suisse, celles-ci sont véritablement utiles parce qu'elles sont imposées à tous les propriétaires, et pour cela une loi spéciale impose à l'Etat le devoir d'intervention pour l'indemnité. Avec ce système, le vigneron le plus éloigné des points d'attaque est celui qui gagne le plus, car il se ménage des années de récoltes fructueuses.

La Confédération refuse la vigne à ses frontières et elle ne la laisse pas sortir de ses cantons reconnus phylloxérés; de plus, il y a des zônes fédérales d'où tous les autres produits végétaux ne peuvent être exportés. Si les pépiniéristes veulent exporter, il faut que leurs établissements soient assez distants des vignobles, et que même ils ne contiennent aucun pied de vigne.

La Suisse croit devoir persister dans son système de défense, auquel les faits donnent raison, car depuis treize ans que le phylloxera a envahi son territoire, elle n'a encore perdu que douze à treize hectares de vigne condamnés pour cause de phylloxera.

M. le Dr Fatio dit que c'est surtout eu égard aux plantes étrangères à la vigne qu'on pourrait alléguer les rigueurs de la convention internationale de Berne, car ces plantes ne pourraient guère être dangereuses s'il n'y a pas de débris de racines de vignes phylloxérées dans la terre qu'elles emportent. C'est dans le but de faciliter les échanges, que par note diplomatique adressée aux Etats signataires, la Suisse a proposé l'allègement à condition toutefois que les horticulteurs, ou renonceraient à la culture de la vigne, ou auraient, du moins, deux pépinières suffisamment distinctes et distantes.

Des expériences de désinfection des véhicules, de plants et des objets, ont été faites à Genève par M. Fatio lui-même. Au mois de février, il déposa dans un wagon des racines phylloxérées enveloppées dans des tubes, les uns ouverts, les autres bouchés avec de la terre, puis il injecta un litre d'acide sulfureux anhydre liquide à l'aide d'un appareil pulvérisateur par l'une des fentes du wagon de manière à en favoriser la vaporisation. Au bout de deux heures, tous les insectes étaient morts sur place. Dans de semblables essais, des poiriers et des groseilliers ont résisté, mais des lauriers et des rosiers, sur lesquels un peu d'acide était tombé, ont succombé. Cet été, ces expériences ont été reprises dans un récipient imparfaitement fermé, de manière à avoir les conditions ordinaires des véhicules. Lorsque l'air ambiant n'était pas au-dessus de 50° hygrométriques, il suffisait de 50 à 60 centimètres cubes d'acide sulfureux anhydre par mètre cube d'air pour foudroyer les insectes et amener le racornissement et la mort des œufs. En juin, avec de l'air marquant 75° hygrométriques, il y a eu quelques insectes résistants après deux heures de séjour dans le milieu asphyxiant.

Dans de bonnes conditions hygrométriques, on peut détruire tous les germes dangereux en une demi-heure, voire même en cinq minutes. L'insecte est d'abord asphyxié par privation d'oxigène, puis, comme il est de nature aqueuse, l'acide sulfureux qui a pénétré et s'est dissous dans ses tissus complète l'intoxication en se transformant en acide sulfurique. Il en est de même pour les plantes de nature aqueuse qui sont pénétrées par l'acide sulfureux : une plante herbacée ne résiste pas à cinq minutes de séjour dans le mélange gazeux ; tandis que des plants d'arbres et d'arbustes de **2** à 3 ans reprennent généralement après la même durée d'emprisonnement. Une plante en pot, dont le tronc et quelques branches sont franchement ligneux, se relèvera d'ordinaire après avoir perdu ses feuilles, même après deux heures de stage dans le mélange gazeux désinfectant. L'acide liquide pulvérisé contre un cep de vigne en a détruit les parties vertes, mais celles-ci n'ont pas tardé à repousser.

M. Fatio pense donc que la désinfection est facile à obtenir avec 50 à 60 centimètres cubes d'acide sulfureux anhydre par mètre cube d'air, appliqués pendant dix minutes environ dans une atmosphère au-dessous de 50° hygrométriques, surtout si on a soin d'opérer en dehors de la saison de la végétation, soit sur des boutures relativement sèches, soit sur des plants dépourvus de leurs feuilles et dont l'état ligneux est suffisamment développé.

La parole est ensuite donnée à *M. Meissner*, de Saint-Louis, Missouri (Etats-Unis).

(M. Meissner ayant la voix assez faible et s'exprimant en français avec un peu de difficulté, M. Jules Leinhardt, de Montpellier, veut bien se charger de lire devant l'assemblée la communication suivante du viticulteur américain.)

CONFÉRENCE DE M. MEISSNER

Messieurs,

Ayant été honoré par la Commission de la flatteuse demande de faire une petite communication sur les vignes résistantes aux Etats-Unis, il me faut dire que je ne regrette que trop d'être inhabile à y satisfaire, ni même de pouvoir vous dire grand'chose de nouveau qui puisse vous intéresser. Aussi je tâcherai d'être bref et d'absorber aussi peu que possible de votre temps.

J'avoue que j'aborde mon sujet avec d'autant plus d'hésitation que je crains que, dans le peu que j'aurai à dire, je pourrai exprimer des opinions qui ne sont peut-être pas conformes à celles de plusieurs de vos plus éminents savants. J'espère seulement que dans ce cas-là, on voudra bien me pardonner ma franchise et m'excuser de toute pensée de présomption de ma part, car il me faut dire tout d'abord que je n'ai aucune prétention d'être ni botaniste, ni savant. Dans ce que j'aurai à dire, je ne peux traiter la question que simplement au point de vue de la viticulture pratique et je ne sens que trop bien, que même en cela, mes prétentions ne sont pas telles d'avoir mérité l'honneur d'occuper votre temps et votre attention.

C'est un fait réel, que nous avons en Amérique, beaucoup moins l'occasion d'étudier les différentes questions qui se présentent ici toujours à votre attention, en ce qui concerne la viticulture et le phylloxera. D'un côté, la viticulture en Amérique est encore trop dans l'enfance, et d'un autre côté, le phylloxera n'est réellement plus la bête noire, l'épouvantail pour nous, américains, qu'il a été, il est vrai, quelques années après que son existence fut premièrement portée à notre connaissance.

Je ne veux parler que de mon expérience personnelle, quand je voudrai constater qu'en 1871, lorsque M. le Professeur Riley (après MM. Planchon et Lichtenstein) pour la première fois attira notre attention sur l'insecte et son existence sur toutes nos vignes en Missouri, que, moi aussi, j'eus l'appréhension (que M. Riley avait lui même, du reste, à ce temps-là) que beaucoup de nos variétés ne pourraient pas résister, et que leur extinction ne serait qu'une question de temps.

Quand M. Riley nous montra les nodosités produites par l'insecte sur les jeunes racines, je me rappelai parfaitement avoir bien vu ces mêmes nodosités sur les racines de jeunes plants que je cultivais à mon ancienne résidence de Staten-Island (New-York) où mon père avait planté des vignes en 1854. A cette époque-là, quand j'avais remarqué ces nodosités, en 1862 ou 1863, je ne les avais pas examinées de trop près, et sans alors connaître même le nom de phylloxera, je les avais attribuées à l'emploi de fortes quantités de fumier de ferme.

Quand je parlai à M. Riley de ces souvenirs, nous arrivâmes à la conclusion, assez naturelle pour ce moment-là, que c'était bien le phylloxera qui avait été la cause des années de manque de récolte et de non réussite que j'avais eues à subir dans ces vignes pendant les années de 1866 à 1869. Mais aujourd'hui, je suis parfaitement convaincu que cette conclusion était une erreur. Les variétés plantées par mon père consistaient principalement en Catawba et en Isabella, tous deux des Labrusca pur sang.

La plupart de ces plants furent arrachés, après mon émigration de New-York, par mon frère qui consacra ce terrain à un jardin d'agrément. Pourtant, il laissa quelques rangées de ces anciens Catawba (plantés depuis 1854). J'ai eu occasion d'examiner ces plants chaque fois que j'ai été à New-York en 1874, 76, 77, et encore dernièrement en juillet de cette année (1880), avant mon départ de New-York. Chaque fois, j'ai trouvé les racines bien garnies de phylloxeras, mais les plants eux-mêmes en parfaite vigueur et portant de bonnes récoltes de fruits. Ainsi, dans ce cas-ci, je connais personnellement des plants de la classe *Labrusca* (qu'on dit généralement non résistante) plantés en 1854, ayant le phylloxera au moins depuis 1863 (sinon bien avant cette année-là), et qui aujourd'hui, après avoir eu le phylloxera pendant 17 ans ou plus, existent en parfaite vigueur et santé.

Je vous demande pardon, Messieurs, d'avoir tellement occupé votre temps d'une réminiscence personnelle, mais je l'ai cru nécessaire pour vous rendre compte d'une des raisons au moins qui m'a porté à la conclusion que, pour nous, en Amérique, tous nos cépages américains de sang pur, c'est-à-dire sans hybridation avec le *Vinifera*, sont résistantes, y compris même les *Labrusca*.

Quoiqu'il soit bien superflu d'argumenter sur la résistance des *Labrusca* en France, alors que vous avez dans les autres classes (*Riparia*, *Œstivalis*, etc.) et tant d'autres excellents porte-greffes sur la résistance desquels il n'existe plus de doutes, je dois pourtant dire que si les Labrusca ont été trop généralement considérés en France comme non résistants, cela a tenu, selon moi, à un défaut d'adaptation au sol et au climat. Certainement, personne ne saurait nier qu'en Europe ils ont bien souvent donné des mécomptes, mais par contre, dans certains cas où ils se sont trouvés dans le terrain qui leur convient, ils ont donné grande satisfaction ; et j'ai pu voir moi-même aux environs de Montpellier, en grande culture chez M. Blouquier, une superbe récolte de raisins français provenant de greffes faites depuis 4 ans sur des Concords âgés aujourd'hui de 7 ans. Je dois particulièrement contredire l'opinion que j'ai trouvée répandue en France, qu'en Amérique les Labrusca disparaissaient devant le phylloxera, et que cet insecte serait originaire de la vallée du Mississipi, ce qui aurait occasionné la destruction des Labrusca sauvages dans cette région. Je ne connais pas un seul fait qui permette d'appuyer la supposition de l'existence antérieure de cette classe à l'état sauvage, et à défaut de preuves, ou même d'indications quelconque de cette existence, il me paraît étrange de parler de leur extinction.

Quand on a parlé de vignes dans l'Ohio et ailleurs qui périssent par l'insecte, c'est que les propagateurs de ces bruits en

Amérique ont confondu les effets d'autres maladies avec celles du phylloxera.

Ceci m'amène à vous parler du « *Mildew* » et du « *Rot* » qui sont les grands ennemis de la Viticulture américaine, mais non pas le phylloxera.

Les Labrusca, et spécialement les variétés qui fournissent nos meilleurs raisins de table, sont très sujets à ces maladies, particulièrement dans les régions où le climat est favorable au développement de ces cryptogames, et ce sont les effets du mildew qui ont été la cause que des personnes, en Amérique même, ont été portées à croire que les Labrusca n'étaient pas résistants. Le mildew affecte la plante en la rendant mal aoûtée et faible, mais il ne la tue pas; du moins il ne la tue pas, une fois que la plante est bien établie et que son système radiculaire est bien développé. Peut-être que les effets combinés du mildew et du phylloxera pourraient même amener la mort de la plante. Mais d'un autre côté, nous trouvons presque toujours qu'un pied de vigne souffrant du mildew n'a que très peu de phylloxeras, si même il en a. Cette observation pourrait sembler être assez étrange, mais par le fait, elle ne l'est pas.

En effet, une plante souffrant du mildew, et conséquemment végétant très mal, n'émet que très peu ou pas du tout de jeunes radicelles, tandis qu'une plante en pleine vigueur et d'une végétation active en émettra en abondance. Or, puisque ce sont précisément ces jeunes radicelles qui sont le plus envahies par l'insecte et qui lui fournissent sa nourriture, il est tout naturel qu'on trouve plus de phylloxeras sur une plante qui abonde en radicelles, que sur une plante qui n'en a pas. Je crois même qu'il y a là une certaine différence dans la manière dont l'insecte attaque les racines des vignes américaines et les racines du Vitis Vinifera, en ce qu'il n'attaque de préférence que les radicelles des plants américains, tandis que dans le V. Vinifera, toutes les racines sont mises à contribution et en souffrance. Toujours est-il que, si chez nous, je veux chercher des phylloxeras, j'en trouverai plus sur une vigne de première force de végétation que sur une vigne qui, par une cause quelconque, serait chétive ou souffrante, et cette observation subsiste aussi bien pour les Labrusca que pour les Riparia et les Œstivalis.

La question d'adaptation au sol et au climat est pour nous, Américains, réellement de plus d'importance que la question du phylloxera, et cette question d'adaptation en est une, qui, pour l'Europe aussi, demande encore beaucoup d'études et d'observation. Nous sommes bien arrivés en Amérique à la conclusion que nous pouvons vivre parfaitement avec l'insecte, car il est plus que probable que nos vignes (les vignes sauvages du moins), ont vécu avec lui pendant bien des siècles.

Je crains que forcément, une grande partie de l'Europe ne soit obligée d'arriver à la même manière de voir, mais heureusement l'emploi des racines des variétés résistantes américaines vous mettra en mesure de suivre ce point de vue. Par le moyen du greffage, vous pouvez l'adopter sans changer rien, ni dans la qualité, ni dans la quantité de vos vins, si même ce n'est pas une cause d'amélioration de tous les deux. Nous serions bien heureux en Amérique, si dans cette question nous pouvions faire un échange de bons procédés; c'est-à-dire, si pour la racine résistante, pour le porte-greffe que vous fournit l'Amérique, l'Europe pouvait nous procurer la bonne qualité de fruit de vos greffons.

Mais, malheureusement, notre climat du centre jusqu'au nord des Etats-Unis est beaucoup trop rigoureux pour la vigne européenne. Ce n'est pas la chaleur qui nous manque en été, mais nous avons des froids trop intenses, le thermomètre, même dans la latitude de St-Louis, descendant quelquefois en hiver jusqu'à 30 degrés centigrades au-dessous de zéro.

Ainsi en Amérique, la question du greffage (puisque nous considérons tous nos cépages indigènes comme parfaitement résistants chez nous) n'a pas autant d'importance qu'en Europe et conséquemment n'a pas fait des grands progrès. Mais pour les grands intérêts viticoles de l'Europe, cette question devient d'une importance vitale. La greffe sur racine résistante vous permettra de continuer la production et de conserver la bonne qualité de vos vins si renommés dans tout l'univers et dont la culture a tant contribué à la richesse et à la prospérité de votre beau pays.

Comme toute grande innovation, la question de la greffe demandera du temps avant que cette opération soit adoptée comme système général et appliquée pour la grande culture, mais le moment viendra sûrement où les régions des vignes détruites par le fléau, ces champs qui aujourd'hui sont presque arides, ou tout au moins ne portent que des maigres récoltes de céréales ou de fourrages, seront recouvertes de nouveau par des plantations de vos excellents raisins, greffés sur racines résistantes et cette fois-ci, parfaitement à l'abri de l'insecte dévastateur. Alors, une fois que cette restauration sera effectuée, je crois même que la viticulture gagnera par ce changement de système et par ses conséquences. Si presque tous nos fruits, tels que nos pommes, nos poires, nos pêches, nos cerises, nos prunes, etc., sont cultivés comme arbres greffés et nous rendent largement en qualité et quantité la compensation du petit travail qu'exige la greffe, pourquoi la vigne ne profiterait-elle pas également de cette opération?

Je voudrais dire un mot sur le *Mildew* et le *Rot*, ces maladies fumigoïdes qui sont si désastreuses pour notre viticulture américaine et comme je l'ai dit déjà, qui sont pour nous des ennemis que nous craignons beaucoup plus que le phylloxera. Ces deux cryptogames sont parfaitement distincts l'un de l'autre, quoique les conditions climatériques ou plutôt atmosphériques qui sont nécessaires pour leur développement soient à peu près les mêmes. Heureusement que ces conditions n'existent pas toutes les années, ni même dans tout le pays.

C'est plus particulièrement dans la zone centrale de la vallée du Mississipi, que nous sommes plus exposés aux visites de ces fléaux, et aussi ce sont les années où nous avons un été humide, chaud et orageux, que nous en souffrons le plus. Le *Rot* fait son apparition chez nous (latitude de St Louis) en juin, et attaque alors le jeune raisin à l'époque où les grains ont à peu près la grosseur des petits pois. Il survient généralement quand, après une période de température sèche et fraîche, nous avons un brusque changement de temps et qu'il devient pluvieux et chaud avec des soudains coups de soleil, après un orage. Quand une telle condition atmosphérique dure longtemps (ce qui nous arrive parfois), les ravages du *Rot* s'étendent rapidement, et sur certaines variétés, notamment sur les Labrusca, ils ne finissent qu'avec la destruction presque complète de la récolte. Mais le plant, même dans sa végétation, n'est pas affecté par la maladie ; au contraire, ce sont souvent des plants de la plus grande vigueur qui souffrent le plus, tandis que d'autres plants de la même espèce, mais moins vigoureux, en souffrent moins.

La végétation est affectée par le *Mildew*, qui nous arrive plus tard, généralement en juillet. Il nous fait plus de mal sur les jeunes plantations et dans nos pépinières, que dans les vignes où les plants sont déjà bien développés. Plus au Nord et plus à l'Est, particulièrement sur les côtes des grands lacs et dans l'Ouest de l'Etat de New-York, ces maladies ne prennent que très rarement des proportions considérables, mais ces maladies existent un peu partout et ont bien existé toujours depuis qu'on a commencé la culture de la vigne en Amérique. Si même, on ne peut pas dire que le rot et le mildew sont des maladies locales, on peut bien dire que leur développement d'une façon nuisible sont des maux locaux qui dépendent de l'année et du climat. Cette observation me porte à croire, je pourrais presque dire à la conviction, que pour presque toute la partie viticole de l'Europe qui a un climat généralement sec dans l'été (au moins dans les mois de juin, juillet et août) le rot et le mildew sont des maladies desquelles vous n'aurez jamais beaucoup à craindre. Quant à l'introduction de ces cryptogames par le moyen des plants ou boutures, il n'y a aucun danger, car ni l'un ni l'autre n'attaquent la tige. En cela, ils sont bien distincts de l'anthrachuose qui attaque le fruit aussi bien que la plante elle-même.

C'est à cause de ces maladies que nous abandonnons de plus en plus la culture des Labrusca dans une grande partie de l'Ouest. Les *Riparia* dans leurs variétés cultivées sont beaucoup moins sujets à ces maladies, tandis que les *Riparia sauvages* en sont même tout à fait exempts. Les Œstivalis, groupe du Sud, y sont très sujets, tandis que les Œstivalis, groupe du Nord, tels que Nortons et Cynthiana, sont exempts du rot, quoique légèrement affectés du mildew dans des années très défavorables.

Quelque funestes que soient pour nous les apparitions de ces maladies, je ne doute pas que, par une sélection de variétés adaptées au sol et au climat de différentes régions de notre immense pays, nous n'arrivions à nous y soustraire.

Quant à la viticulture européenne, je ne crois pas qu'elle aie jamais sujet de s'en préoccuper sérieusement.

Je dirai aussi un mot sur la taille usitée aux Etats-Unis des cépages à production directe. Ces cépages, au moins ceux qui vous intéressent le plus, sont notamment le *Juquez*, *l'Herbemont*, le *Cynthiana* et le *Nortons* parmi les *Œstivalis*, et le *Noah* et l'*Elvira* parmi les *Riparia*. Si l'on accuse ces cépages de produire peu, la cause en est généralement due à une taille qui ne leur convient pas, et en adoptant notre taille américaine, on obtiendra certainement des produits bien plus considérables. Cette taille consiste en une souche centrale sur laquelle on laisse, suivant la force du sujet, d'un à quatre sarments porteurs, d'un mètre à un mètre et demi de long. Tout le système est supporté par deux ou trois rangs de fil de fer; on obtient ainsi une quantité très considérable de raisins qui mûrissent toujours bien mieux qu'en laissant traîner les sarments par terre.

Du reste, mon opinion est, comme je l'ai déjà dit, qu'on fera toujours mieux de conserver les cépages et les méthodes de culture usités dans chaque pays, en greffant ces cépages européens sur racine résistante américaine.

Quant au porte-greffe à choisir, je crois que c'est le *Riparia sauvage*, qui remplira généralement le mieux toutes les conditions de culture et d'exposition qu'exigent les différentes localités, non seulement parce qu'il s'adapte bien à la plupart des terrains et des situations, mais encore parce que c'est la seule espèce pour laquelle on puisse compter sur des quantités assez considérables, et à bon marché, pour jouer un rôle important dans la reconstitution de cet immense territoire déjà détruit par le fléau.

Une fois qu'on se lancera sérieusement dans la restauration de ces vignes, je dis sérieusement, parce qu'à côté de 600,000 hectares perdus, le chiffre de 3 à 4,000 hectares plantés en vignes américaines ne paraît que minime, ce ne seront pas des millons de plants qu'il vous faut, ce seront des milliards.

Si l'Amérique, comme on le dit, vous a donné le mal, bien sûr que c'était sans le savoir ni le vouloir. Ne craignez pas, Messieurs, qu'elle ait l'intention de lutter avec vous dans la production de votre produit par excellence. Elle vous fournira volontiers beaucoup d'autres produits agricoles, tels que le blé, le maïs, le coton, la viande, à meilleur marché que vous ne pouvez les produire ici, mais jamais elle ne vous inondera des vins américains (comme on me l'avait dit) bien qu'elle vous offre ses vignes pour s'unir et pour aider les vôtres, mais non pas pour les remplacer.

Ni le climat, pour la plus grande partie de notre pays, ni les conditions, habitudes et intérêts de notre agriculture en général ne sont tels, que les Américains s'occuperont facilement d'une viticulture en grand. Ce ne serait, Messieurs, que dans le cas où on laisserait se continuer la diminution effrayante de votre production, ou qu'on se contenterait d'en augmenter pour toujours le prix de revient, par des moyens peut-être bien efficaces, mais certainement aussi toujours bien coûteux, que l'Amérique pourrait se voir amenée à entrer en lutte pour cette production.

On a reproché à ce Congrès de n'être qu'une réunion des partisans des vignes américaines. Ce reproche me semble peu fondé, puisque nous avons eu le plaisir d'entendre d'éminents orateurs qui nous ont entretenus des heureux résultats obtenus au moyen de la submersion et des insecticides. Certainement, en ma qualité de bon patriote américain, j'aurais eu lieu d'être bien fier, si dans ce Congrès auquel vous m'avez fait l'honneur de m'inviter, je ne pouvais voir en effet qu'un Congrès des Vignes américaines; mais je constate sans regret que c'est ici un véritable Congrès international, c'est-à-dire sans exclusion aucune, celui des Vignes françaises, européennes et américaines.

Comme représentant de l'Amérique, nul plus que moi ne sera heureux d'applaudir à la reconstitution de ces beaux vignobles européens, grâce aux travaux persévérants et efficaces des viticulteurs et savants éminents, par lesquels j'ai eu l'honneur d'être reçu d'une façon si flatteuse et si cordiale.

M. le Professeur Planchon prend la parole sur les caractères des vignes américaines résistantes.

CONFÉRENCE DE M. PLANCHON

Si, dit M. Planchon, on considère l'ensemble des vignes, on est surpris par le grand nombre des variétés qu'elles présentent et il semble que leur classement soit un travail impraticable. Heureusement qu'un fil conducteur, qui est le caractère botanique, permet de distinguer assez facilement certaines espèces. Les variétés cultivées dans l'ancien monde sont aujourd'hui tellement enchevêtrées par leurs caractères, qu'il est à peu près impossible d'en retrouver les types originaux. Il en est tout autrement des types sauvages que l'on trouve en Amérique ou même des vignes qui en proviennent et qui ne sont cultivées que depuis une époque assez rapprochée. Bien que leur nombre soit relativement petit, on a cependant obtenu en moins d'un siècle beaucoup de variétés par le semis naturel ou par l'hybridation.

La famille des Ampélidées comprend plusieurs genres: 1° le genre *Cissus,* dont les fleurs n'ont que quatre pétales; 2° le genre *Ampelopsis,* qui en a cinq disposés en étoile, et 3° le genre *Vitis,* dont les cinq pétales sont soudés en forme de petit capuchon.

En dehors des espèces américaines qui ont une valeur pratique, M. Planchon place la *V. Rotundi folia* de Michaux (source des variétés dites Scuppernong, Mish, etc.), dont le bois très dur ne se prête pas à la greffe, et auquel le climat de notre pays ne convient pas faute de chaleur.

Les vignes par excellence sont nombreuses. Pratiquement on peut les diviser en vignes sauvages et en vignes cultivées dérivant de quelques-unes des sauvages.

M. Planchon ne parlera que des types sauvages, en y rattachant pour mémoire seulement quelques variétés cultivées. Voici les principaux, en commençant par les plus tranchés de tous.

1° *V. Candicans* (Mustang). C'est une plante d'ornement dont les feuilles, lobées ou non, sont recouvertes d'un duvet épais sur leur face inférieure. Elle produit quelques raisins à grains assez gros.

2° La *V. Rupestis*, qui est un type assez vigoureux buissonnant, à feuilles glabres plissées en gouttière, et qu'en Amérique on rencontre au Texas, dans le Missouri et dans l'Arkansas. Cette vigne se greffe bien, mais on doit encore poursuivre les études commencées avec elle sur ce sujet.

3° *V. Monticola*, de Burkley, que l'on a cultivée dans les jardins botaniques de Bordeaux et de Paris, produit des raisins dont les grains sont blancs, de grosseur moyenne et pourvus d'un arome spécial entre foxé et musqué.

4° *Sweett-Mountain* (Plant doux de Montagne) et non Surrett-Mountain, qui a été propagé dans le midi par M. Douysset, de Montpellier, au moyen de plants de semis, issus de graines qui lui avaient été adressées par M. Onderdonk. C'est cette espèce que Berlandier, botaniste suisse, découvrit au Texas en 1834, et c'est sur les échantillons d'herbier recueillis par ce voyageur, que M. Planchon a vu des galles phylloxériques, ce qui prouve que l'insecte vivait sur cette vigne il y a quarante-six ans au moins, et par suite, que le phylloxera est relativement ancien en Amérique.

Pour honorer la mémoire de ce botaniste, M. Planchon propose de laisser de côté le nom impropre de Sweett Mountain et lui substituer celui de *V. Berlandieri*.

5° Les *V. Californica* et *Arizonica*, qui sont encore très peu connues.

6° La *V. Riparia* (autrefois Cordifolia sauvage), qui se distingue facilement en ce que les jeunes feuilles des bourgeons restent longtemps pliées en gouttière; tandis que, d'après M. Meissner, celles de la *V. Cordifolia* de Michaux s'épanouissent de suite, comme cela a lieu pour les *Œstivalis* et pour nos vignes indigènes. De plus, les Riparia reprennent de bouture avec la plus grande facilité lorsque, au contraire, les Cordifolia s'enracinent difficilement. Quant aux fruits de ces deux espèces, ils sont petits et n'ont pas habituellement le goût foxé si caractéristique à ceux de certaines vignes exotiques.

Au type Riparia se rapportent le Clinton et le Taylor; ce dernier surtout s'y rattache très clairement, quoique M. Millardet le considère comme un hybride. Dans les Riparia, on rencontre le type particulier de la *V. Solonis* dont l'histoire est inconnue. M. Planchon a vu le Solonis dans l'herbier de Lejeune qui l'avait cultivé à Verviers. Il est probable, dit le savant professeur, que cette vigne devait se trouver dans les jardins botaniques depuis 1835, et quoique M. Soëthe prétende que ce soit le *Zanis rèbe* du Caucase, il est certain qu'elle est issue du Riparia, car lorsqu'on sème ses pépins, on retrouve des pieds ayant beaucoup d'analogie avec ce type sauvage.

7° Le vrai *Cordifolia* de Michaux, que la plupart des botanistes récents avaient rattaché comme variété au *Riparia*, et que M. Millardet et M. Ganzin ont su en distinguer. Le caractère de bourgeonnement découvert par M. Meissner et signalé plus haut est important pour déterminer cette espèce. On ne lui connait pas de dérivés directs parmi les variétés cultivées.

8° La *V. Cinerea*, arrivée par hasard dans les collections, est une plante à rameaux anguleux et à feuilles rugueuses sur leur face supérieure par suite de l'enfoncement du réseau de nervures. M. Planchon croit que ce doit être la *V. Canescens* d'Engelmann, donnée par ce botaniste comme une variété de *l'Œstivalis.*

9° La *V. Œstivalis* qui présente des formes variées même à l'état sauvage et dont les feuilles sont grandes, fréquemment sinuées, glauques et recouvertes d'un duvet floconneux sur leur face inférieure. Les fruits en sont, en général, petits, quoique M. Jæger ait recueilli dans le Missouri des variétés qui en produisent de gros comme ceux de la *V. Lineecumii* (Post-Oak) avec lequel les Œstivalis ont certains rapports.

10° La *V. Labrusca* sauvage, d'où sont dérivés l'Isabelle, le Concord, la Catauba, etc., est une vigne à grand développement, à racines tendres, à feuilles largement lobées et dont la face inférieure est recouverte d'un duvet aranéeux apprimé.

Les raisins sont formés par de gros grains qui ont un goût foxé assez désagréable.

11° M. Planchon appelle *Semi-Labrusca* des vignes à caractères mixtes que M. le Dr Despetis avait nommé « *groupe intermédiaire* » : (Oporto, Franklin et d'après M. Planchon, l'York's-Madeira et le Ferrands Michigan Seedling). Leurs raisins sont de grosseur moyenne, foxés ; leurs racines sont dures, tandis que celles des Labrusca purs le sont beaucoup moins. Le type sauvage de ces vignes n'est pas connu. Serait-ce le Gaston Bazille ou Pédroni ?

Le semis des variétés cultivées permettra peut-être parfois d'arriver à la connaissance des ascendants ; car, quoiqu'on obtienne le plus souvent de grandes irrégularités, on a quelquefois des pieds très bien caractérisés. Ainsi dans deux semis d'Elvira, variété issue du Taylor, faits, l'un à l'Ecole nationale d'agriculture de Montpellier, l'autre chez M. le Dr Davin, à Pignans (Var), il est sorti, à côté de formes rappelant le Taylor, une vigne tellement particulière que M. Planchon en compare les feuilles à celles d'un Menispermum : c'est le *Grandnoir* du Jardin d'acclimatation dont l'origine est inconnue.

Après avoir montré les différents types de vignes américaines au moyen de projections à la lumière oxhydrique, M. Planchon signale l'apparition du *mildew* en Europe et en Algérie sur des points où il n'y a jamais eu de vignes exotiques et il termine sa communication en invitant les micrographes qui pourraient se trouver au Congrès à vouloir bien s'entendre avec lui pour faire l'étude de ce cryptogame.

L'ordre du jour étant épuisé, la séance est levée.

Lundi 13 septembre 1880

DEUXIÈME SÉANCE

Prennent place au bureau M. Bender, président ; MM. Gaston Bazille, sénateur du département de l'Hérault, et Malens, sénateur du département de la Drôme.

MM. Pulliat et Bréheret remplissent les fonctions de secrétaires.

M. le Président donne la parole à *M. Foëx*, professeur à l'École nationale d'agriculture de Montpellier, sur la conformation spéciale des racines de vignes américaines résistantes.

CONFÉRENCE DE M. FOEX

M. le professeur Foëx présente d'abord au Congrès les regrets de M. St-Pierre, directeur de l'École d'agriculture de Montpellier, que des raisons de famille ont empêché de se rendre à Lyon.

Avant d'aborder son sujet, M. Foëx tient à préciser la situation actuelle de la viticulture française. Celle-ci comprend deux catégories de viticulteurs : ceux qui ont des vignes et ceux qui n'en ont plus, et à ces deux classes correspondent divers moyens de conservation ou de reconstitution.

Dans le premier cas, on doit lutter le plus possible pour conserver un produit dont le prix augmente au fur et à mesure de la disparition des vignobles et pour cela l'emploi des insecticides qui ont donné des résultats ne peut être que recommandé.

Mais lorsqu'on se trouve sans vignes et dans une situation telle que la submersion ou la plantation dans le sable sont impraticables, les cépages américains sont la seule planche de salut qui reste encore au viticulteur dépossédé de l'arbuste qui a fait sa richesse.

Certaines vignes américaines, résistant à l'insecte, ont appelé sur elles, depuis quelques années, l'attention du public agricole et il semble tout naturel qu'on se soit demandé quelles étaient les causes qui leur permettaient de pousser vigoureusement en plein foyer phylloxérique.

On avait d'abord pensé que la résistance de ces vignes était due à leur grand développement radiculaire et à la faculté qu'elles avaient de refaire leurs racines plus promptement que le phylloxera ne pourrait se multiplier lui-même. Cette explication, assez plausible à première vue, ne peut être considérée comme suffisante ; car si l'on examine les choses de près, on ne tarde pas à reconnaître que l'abondance même des racines est une cause favorable à la multiplication de l'insecte. Au reste, une preuve décisive à cet égard peut être déduite de l'examen de certains types de *V. Labrusca* américain, tels que l'*Isabelle*, par exemple, laquelle, bien que pourvue d'un appareil radiculaire aussi développé que celui du *Jacquez* (*V. Œstivalis*) et quoique doué d'une végétation aussi active, succombe, tandis que ce dernier résiste.

En 1876, M. Boutin pensa que la résistance était due à la présence d'une quantité plus ou moins grande de *principes résinoïdes* qui s'opposeraient à l'extravasion de sève résultant de la piqûre du phylloxera. Les analyses faites à l'École d'agriculture de Montpellier, d'après les données de ce chimiste, n'ont pas confirmé ses indications relatives à la proportionnalité des matières résinoïdes avec le degré de résistance. C'est donc autre part, dit M. Foëx, qu'il faut en chercher la raison, ainsi qu'il résulte des expériences qu'il a entreprises sur cette question.

Avant d'entrer dans l'examen des causes elles mêmes, M. Foëx croit utile de rappeler brièvement la structure des racines de vignes en général.

Les racines de vignes ne sont quelquefois formées au début que par un cylindre de *tissu cellulaire*, dans lequel se développe, par la suite, le *corps ligneux* ; d'autres fois, elles naissent avec un *corps ligneux* tout formé. Le corps ligneux ou *cylindre central* est formé par des faisceaux *fibro-vasculaires*, agglomération (comme leur nom l'indique) de *fibres* et de *vaisseaux*, et par des *rayons médullaires* constitués par un tissu de nature cellulaire un peu particulier. Au lieu que les cellules de ces organes soient de simples utricules plus ou moins sphéroïdes ou polyédriques, comme celle de la masse du *parenchyme* de l'écorce qui entoure le cylindre central, elles ont une forme prismatique et constituent par leur ensemble ce qu'on appelle, en botanique, un tissu *muriforme*, c'est-à-dire rappelant par ses dispositions celles des constructions en moëllons. De plus, elles sont environnées par des corps d'une nature un peu différente de celle de leur enveloppe propre, auxquels M. Frémy a donné le nom de *corps épiangiotiques* (c'est ce que l'on appelait autrefois les matières incrustantes du bois) ; enfin les parois cellulosiques qui forment la cellule elle-même sont amincies sur certains points appelés *ponctuations*, à travers lesquels s'opèrent les phénomènes d'échange par voie de *diffusion*, qui constituent les principales fonctions de ces organes.

Si l'on examine ensuite comment se forment les altérations, on constate en premier lieu que les lésions produites par le phylloxera n'intéressent directement que les tissus cellulaires (*parenchyme des feuilles, parenchyme cortical* et quelquefois *rayons médullaires* de la racine). On remarque, en outre, que la piqûre de l'insecte détermine, dans la région où elle se produit, un afflux de matière azotée dissoute, cheminant par voie de diffusion d'une cellule à l'autre vers le point d'attaque, et la transformation de la fécule (lorsqu'elle existe dans les tissus piqués en glucose. Ces phénomènes paraissent dus à l'introduction ou à la formation dans la portion lésée d'une substance acide, laquelle coagulerait la matière azotée renfermée dans les cellules voisines et provoquerait ainsi l'arrivée de matériaux dissous destinés à les remplacer. Il ne tarde pas à se produire, dans la région où se manifestent ces phénomènes, une hypertrophie des tissus résultant de la formation des nouvelles cellules ; l'accroissement de volume qui en est la conséquence s'étend plus ou moins, suivant que les tissus sont primitivement plus ou moins durs dans les racines ; la pression des tissus environnants finit par limiter le développement du renflement ; il se produit alors une saturation des cellules, qui continuent à absorber sans qu'il y ait résorption, et bientôt la masse s'altère en donnant naissance à une série de produits analogues aux *corps fumiques*. Dans les feuilles, au contraire, où les renflements peuvent prendre tout l'accroissement qu'implique la cause qui les détermine, il n'y a généralement pas d'altération de tissu.

Les lésions produites par le phylloxera acquièrent une importance variable suivant les circonstances; lorsque les racines jeunes ne renferment pas de ligneux proprement dit, les renflements prennent un volume assez considérable, et, en définitive, s'altèrent complètement, ce qui détermine la perte de la racine attaquée, *quel que soit le type auquel elle appartienne.* Lorsque le corps ligneux central a fait son apparition, le renflement prend un volume plus ou moins considérable, suivant que la proportion de parenchyme cortical est elle-même plus ou moins grande, et suivant la densité naturelle des tissus du type considéré; une différence très-sensible se montre dans l'étendue des altérations qui en sont la conséquence, selon que l'on se trouve en présence des racines de *V. Vinifera* d'une part, ou de celles de certaines espèces américaines (*V. Æstivalis*, *V. Riparia* et *V. Candicans* par exemple) d'autre part. En effet, tandis que dans le premier cas, les altérations intéressent les diverses natures de tissus cellulaires de la racine (parenchyme cortical et rayons médullaires), dans le second, au contraire, la couche corticale seule est atteinte.

Les conséquences de la pénétration des rayons médullaires chez notre *V. Vinifera* sont, au bout d'un certain nombre d'attaques, l'altération *consécutive* des faisceaux fibro-vasculaires et la destruction de la racine; tandis que dans les espèces américaines précitées, tout se borne à une altération superficielle qui se termine par la cicatrisation des tissus et la formation d'une sorte d'eschare, laquelle ne tarde pas à se détacher. Les diverses variétés de la *V. Labrusca* semblent, en général, intermédiaires, au point de vue de l'importance des lésions, entre les catégories précédemment établies.

Les différences qui viennent d'être indiquées par M. Foëx trouvent une explication rationelle dans une différence correspondante dans la structure des tissus des racines des vignes qui les présentent. En effet, si l'on considère des racines de même ordre de ces espèces, on ne tardera pas à constater que celles des *V. Æstivalis*, *V. Riparia*, etc., sont dans un état de lignification plus parfait que celles de la *V. Vinifera;* les rayons médullaires en sont plus étroits, plus nombreux, formés de cellules plus petites, plus riches en *corps épiangiotiques;* enfin, les ponctuations de ces cellules sont d'un diamètre notablement plus petit que chez cette dernière. Ces caractères indiquent évidemment une perméabilité moindre des tissus spéciaux des rayons médullaires, ce qui donnerait la raison de leur immunité dans un cas et de leur altération dans l'autre.

La constatation de ces faits présente une importance considérable au point de vue des garanties que les vignes américaines peuvent offrir pour l'avenir. En effet, dit M. Foëx, dans le cas où la résistance n'aurait été due, comme on le supposait d'abord, qu'à un plus grand développement des racines ou à la facilité avec laquelle certains cépages pourraient remplacer celles que le phylloxera avait détruites, on aurait à redouter que, placés dans des conditions d'existence défavorables, ou à la suite d'une multiplication un peu considérable de l'insecte, ils ne finissent par succomber ; tandis que la résistance résultant d'une structure et d'un mode de fonctionnement particulier des tissus ne paraît pas modifiable, quelles que soient les circonstances et quel que soit le nombre des insectes.

A la suite de cet exposé, M. Le professeur Foëx montre *de visu*, à l'aide de projections par la lumière oxhydrique, la différence de constitution qui existe entre les racines de vignes résistantes et celles de la vigne française et qui forme, d'après lui, la base de la supériorité de certains cépages exotiques, en présence du phylloxera.

En l'absence de M. Vialla, retenu à Montpellier, M. Foëx résume brièvement les recherches faites sur l'entrachnose par le vice-président de la Société d'agriculture de l'Hérault et desquelles il résulte que, prise au début, cette affection peut céder à l'action du soufre, employé d'une manière répétée et en opérant à peu près de la même façon que pour le traitement de l'oïdium.

M. le Président donne la parole à *M. Pichard*, directeur de la station agronomique de Vaucluse, qui communique le rapport suivant sur la situation des vignes américaines dans le département.

CONFÉRENCE DE M. PICHARD

VIGNES AMÉRICAINES DANS VAUCLUSE EN 1880

Vignes à production directe. — Vignes greffées. — Pépinières de vignes américaines. — Pépinières d'essai. — Adaptation des cépages aux divers terrains. — Vigueur des cépages américains dans Vaucluse. — Vignes françaises, insecticides. — Avenir des plants américains dans Vaucluse.

M. le Préfet de Vaucluse nous a chargé, dans le courant de juillet, de visiter les plantations de vignes américaines du département, pour en constater l'importance, la vigueur de végétation, et enfin pour rechercher les terrains qui sont plus favorables à cette culture.

Plantations couvrant plus d'un hectare.

La plupart des plantations sont réduites à des pépinières ou à de petites surfaces inférieures à un hectare, mais quelques-unes dépassent cette superficie. Dans les communes de Courthezon, de l'Isle, de Latour-d'Aygues, de Cucuron, de Sarrians, de Gigaudas, certains viticulteurs ont chacun plusieurs hectares plantés en vignes américaines.

Vignes américaines à production directe.

Peu de cépages sont cultivés pour la production directe, et à cela plusieurs raisons : d'abord, la jeunesse des plants américains (la plus ancienne vigne n'a pas 10 ans) ; puis, dans les plantations les plus âgées, on s'est surtout attaché à obtenir du bois en développant la végétation aux dépens de l'abondance et de la qualité du fruit.

Cependant, chez quelques viticulteurs, le Jacquez, l'Herbemont, le Concord et le Clinton sont pressurés seuls ou mélangés aux raisins de vignes françaises. La plupart des viticulteurs n'ont guère fait de vin américain que pour leur consommation ;

peu en ont livré au commerce, craignant sans doute de se heurter à une prévention fâcheuse du public à l'égard de ce vin. Nous croyons que, dans beaucoup de cas, les viticulteurs devraient tenter de surmonter cette prévention, en améliorant leur vin américain par une taille convenable de la vigne et en soignant la fabrication et la conservation.

Nous avons bu à Sarrians, d'excellent vin de Clinton, franc de goût, corsé et coloré, aussi bon que les vins ordinaires de Bourgogne et de Bordeaux. Il a été obtenu en 1877. La première année, il avait un goût foxé ou framboisé assez prononcé qu'il a perdu en vieillissant.

Nous avons cité particulièrement le Clinton, parce qu'il jouit, au point de vue du produit, d'une détestable réputation, établie sans doute par des imprudents trop pressés de conclure.

Le Concord, qui n'est pas mieux noté, donne, mélangé à des raisins français, un vin passable aussi bon que les vins ordinaires de la région.

Dès la première année, le Clinton, mélangé par un viticulteur de Cucuron avec du Jacquez et du raisin français, donne un vin dépourvu du goût foxé si déplaisant au palais des anciens propriétaires de vignes du pays. D'ailleurs, ce goût spécial qui rappelle la framboise ou le cassis (odeur de renard pour les Américains) n'est pas particulier aux plants américains.

Les vignes françaises cultivées en Algérie donnent un pareil vin auquel on attribue là un *goût de terroir*. C'est une question d'acclimatation, d'adaptation du cépage au sol, que le temps, une culture appropriée et une vinification soignée résoudront dans le sens de l'amélioration et de la fixité du produit, au moins pour plusieurs espèces. Si le Clinton, le Concord et autres sont contestés comme cépages à vins, le Jacquez et l'Herbemont sont généralement admis pour la production directe.

Vignes greffées.

Le greffage de plants français sur plants américains est général dans Vaucluse. L'usage en est motivé avec raison par une production rapide de la vigne et la conservation de nos crûs.

Les porte-greffes les plus employés sont le Clinton, le Taylor, le Vialla, le Solonis et les Riparia.

Viennent ensuite le York-Madeirà, le Cunningham, le Jacquez, l'Herbemont, le Concord.

Quant aux variétés greffées, elles varient beaucoup; les plus répandues sont le Grenache, le Mourvèdre, l'Aramon, la Clairette, le Petit-Bouchet, l'Alicante-Bouchet, les Chasselas.

Le genre de greffe est très-variable, — greffe sur souche, greffe sur sarment raciné, greffe sur bouture racinée, greffe sur bouture simple, greffe par approche, greffe à talon, greffe en écusson. Les quatre premières sont les plus employées. Elles se pratiquent en simple fente, en fente anglaise, fente Champin, fente Revalange.

Elles réussissent également toutes, quand le greffon et le porte-greffes convenablement choisis, eu égard à l'époque de leur entrée en végétation, à leur vigueur et à leur bonne conservation, sont ajustés de manière que leurs zônes génératrices aient quelques points de contact bien établis et que les précautions nécessaires sont prises pour maintenir les contacts et les préserver des influences atmosphériques.

Dans notre tournée nous avons remarqué des greffes très-bien exécutées. C'est une opération qui tend à devenir de plus en plus familière et aisée aux ouvriers vignerons du département.

Suivant les variétés greffées, on a une récolte dès la 2e année, une certaine quantité de fruits l'année même du greffage, et avec beaucoup de cépages on est en pleine récolte à la 3e année, par exemple, avec le Grenache et les Chasselas.

Les greffes pratiquées sur souches d'un an plantées à demeure sont généralement plus vigoureuses et produisent plus tôt que celles faites sur boutures racinées en pépinière. La transplantation est toujours préjudiciable au porte-greffes qui est languissant la première année et ne communique alors que peu de vigueur au greffon.

Mais la plantation à demeure est hasardeuse à cause de la difficulté d'enracinement des boutures de beaucoup de cépages américains, même dans les meilleurs terrains.

Aussi trouve-t-on plus sûr de planter les boutures en pépinière.

Pépinières de vignes américaines.

Presque tous les viticulteurs qui ont des vignes américaines ont établi des pépinières où ils enracinent leurs boutures dans des terrains bien préparés, fumés et arrosés.

La plupart des boutures enracinées sont destinées à être greffées et transplantées. Quelques-unes sont réservées pour produire du bois destiné à faire d'autres boutures, à étendre la pépinière et par suite, les plantations définitives.

En général, dans Vaucluse, ces pépinières sont bien soignées. Malgré ces soins, en raison de la nature du sol, de celle du cépage et aussi de l'état de conservation de la bouture, il y a de nombreux insuccès.

Eu égard à la facilité d'enracinement dans tous les terrains de Vaucluse, on peut ranger les cépages usuels dans l'ordre suivant : Solonis, Clinton, Taylor, Riparia, Oporto, Elvirà, Vialla, Jacquez, Concord, York-Madeira, Cunningham, Rulander, Black-July, Herbemont, Norton, Cynthiana.

Pépinières d'essai.

Indépendamment de l'objet immédiat qu'on se propose par la pépinière : enraciner les boutures et obtenir de nouveaux plants, on peut aussi étudier quels sont en chaque endroit les cépages qui végètent le mieux. Mais pour que cette étude n'aboutisse pas à des mécomptes, il faut que la pépinière ne soit pas dans des conditions de sol et de culture exceptionnellement favorables par rapport aux terrains où les plants seront établis à demeure. Ce qui serait préférable, à ce point de vue, ce serait de créer plusieurs pépinières selon les conditions diverses de sol, d'humidité, de situation topographique, d'orientation, que présentent souvent les différentes parties d'un même domaine. On aurait ainsi en petit une image fidèle de la plantation projetée, une pépinière d'essai.

Nous recommandons vivement la multiplication de ces pépinières d'essai aux viticulteurs.

Adaptation des cépages aux divers terrains du département.

Cette importante question comprend trois éléments principaux :

1° Résistance propre du cépage au phylloxera;

2° Résistance du cépage au phylloxera suivant la nature du terrain;

3° Aptitude du cépage à végéter vigoureusement et à éviter les diverses maladies suivant la nature du terrain.

1° *Résistance propre du cépage au phylloxera.*

Elle a déjà été établie par une expérience suffisamment prolongée en Amérique et en France. On classe ainsi les tribus par ordre de résistance: Estivalis, Cordifolia, Labrusca. Nous n'avons rien vu qui vînt à l'encontre de ce classement.

2° *Résistance du cépage au phylloxera suivant la nature du terrain.*

La nature du sol influe beaucoup sur cette résistance. Tel Labrusca, réputé comme peu résistant, végète vigoureusement dans un sol très meuble et frais. Un bel exemple de ce fait est présenté par une vigne de Concord, à Carpentras.

Cette vigne a 8 ares, est greffée de variétés françaises, Aramon, Clairette, Mourvèdre, Grenache, chargées de fruits. Les racines et les radicelles que nous avons examinées sont parfaitement saines.

Inversement, des Estivalis, des Cordifolia réputés résistants, Jacquez, Cunningham, Herbemont, Taylor, Solonis, Vialla, etc., placés dans des terres compactes argilo-calcaires, susceptibles d'une grande sécheresse, sont fortement éprouvés par l'insecte, présentent une végétation chétive et finissent par disparaître.

3° *Aptitude du cépage à végéter vigoureusement et à éviter les diverses maladies suivant la nature du terrain.*

Cette aptitude a pour conditions physiques et mécaniques favorables un sol suffisamment frais et ameubli profondément, une division en particules ténues et une consistance convenable, et pour conditions chimiques, les proportions nécessaires d'azote, d'acide phosphorique, de potasse et de chaux.

Ces conditions se trouvent généralement réunies dans les terres profondes (épaisseur de la couche végétale dépassant $0^{m}60$ à $0^{m}70$) renfermant:

Sable (de nature calcaire ou siliceuse, particules passant dans une maille de 1 millig.), 70 %.

Argile, parties fines impalpables (de nature calcaire ou silicieuse), 30 %.

Calcaire du sable et de l'argile, de 30 à 70 %.

Un tel terrain, à cause de sa profondeur, de sa perméabilité et de sa composition, n'est jamais complètement sec, le sable un peu argileux retenant toujours de l'eau, ni trop humide, l'excès d'eau pouvant s'écouler au-dessous si le sous-sol est perméable, ou s'élever par capillarité à la surface, si le sous-sol est imperméable.

Terrains agricoles de Vaucluse favorables à la culture de la vigne américaine.

Les terrains ayant à peu près cette constitution ne sont pas rares dans Vaucluse.

Les *alluvions modernes*, répandues largement dans les bassins du Rhône et de la Durance et dans les vallées de leurs affluents, s'en écartent très peu. La proportion d'argile y est, en certains points, plus considérable ; l'épaisseur en est généralement grande et, par un travail convenable, on peut toujours donner à ces terrains les qualités voulues.

Les *terrains de transport anciens à sous-sol de cailloux roulés*, semblent, au premier abord, en différer beaucoup, à cause de leur aspect et de la forte proportion de pierres qu'on y rencontre. Les pierres y sont évidemment une cause d'infertilité au point de vue chimique ; mais leur rôle, quand la proportion ne dépasse pas 50 % est souvent utile, comme agent diviseur dans la gangue parfois fortement argileuse. La gangue ou terre proprement dite est le plus souvent marno-sableuse, et se rapproche, par sa composition, du type cité plus haut.

Ces terrains, quand ils sont, par le travail, ameublés profondément, ne sont jamais complètement secs, comme on le croit trop aisément, au moins quant aux besoins de la vigne, et ils conviennent généralement bien à cette culture. Ils sont très répandus dans le département et connus sous le nom de *garrigues*. Les sols dont nous venons de parler ont une grande analogie de constitution tenant à une origine commune, le transport moderne ou ancien.

Beaucoup d'autres sols végétaux ont été formés dans Vaucluse, aux dépens des terrains géologiques sous-jacents ou très voisins, par décomposition sur place des roches ou par éboulement et entraînement, sur un faible parcours, des roches constituant les montagnes ou collines du voisinage.

Leur composition varie nécessairement avec celle de ces roches. Sauf les terrains formés par éboulis et entraînement qui participent aussi de la nature des terrains de transport, quant à la division et à l'ameublement de leurs éléments, et qui sont généralement très propres à la culture de la vigne, les autres formés sur place ne peuvent être facilement délimités ni rapportés à des divisions géologiques, à cause de la grande diversité de nature des roches et des nombreuses variations dans le mode de décomposition.

Cependant, parmi ces terrains, on peut distinguer comme propres à la culture de la vigne:

Le terrain *argilo-sableux* (mélange de parties impalpables et de sable) *avec sous-sol marnocalcaire*, couvrant le terrain jurassique, une partie du néocomien et l'étage supérieur du terrain sextien. La perméabilité du sous-sol y est variable et augmente avec le nombre des couches calcaires.

Le terrain *argilo-sableux* à sous-sol de *grès calcarifères*, répandu sur les mollasses marines et d'eau douce.

Le sous-sol y est poreux et perméable en petit, mais imperméable en grand. Il peut être très humide quand il est trop argileux, ou que, suivant la nature du sol, l'écoulement de l'eau est difficile. Quand le sable domine, il convient très bien à la vigne. Le sol végétal de la Tour-d'Aygues, où la vigne américaine est très prospère, appartient à cette catégorie.

Sans pouvoir préciser exactement les limites des terrains propres à la vigne dans Vaucluse, nous pouvons affirmer que la généralité des alluvions modernes et anciennes, le terrain jurassique, et la plus grande partie de la mollasse et du terrain sextien, c'est-à-dire les 3/4 de la superficie du département, conviennent à cette culture.

Vigueur des cépages américains dans les divers sols de Vaucluse.

Une tournée dans les principaux vignobles américains du département, non suivie de l'analyse des sols et des sous-sols, ne nous permet pas de fixer avec précision le rapport entre la végétation des divers cépages et le terrain. Cependant, comme nous avons visité les vignes dans les conditions de terrain les plus variées, nous pouvons déjà donner des indications à cet égard.

Le Solonis réussit dans tous les terrains. Très vigoureux dans les terres riches et profondes, il résiste partout, et dans les terres calcaires fortement argileuses, susceptibles d'une grande sécheresse, où tous les autres périssent, il végète encore, quoique jaune et chétif.

Le Vialla occupe le 2e rang. — Résiste bien dans les terres maigres et pauvres; très vigoureux dans les sols riches et profonds.

Le York-Madeira, le Cunningham, le Rulander, l'Herbemont, le Black-July, les Riparia viennent en 3e ligne. Ils s'accommodent aussi des terrains maigres et pierreux. L'Herbemont redoute la gelée et le vent, parceque son bois s'aoûte difficilement.

Le Jacquez est moins robuste que les cépages précédents. Il lui faut un sol plus riche et plus frais. D'autre part, dans une terre riche et humide, il contracte aisément la carie noire, ce qui limitera son usage comme producteur direct dans le département.

Le Clinton, le Taylor, l'Oporto, l'Elvira exigent un sol profond et frais. Ils sont sujets au jaunissement, le Clinton surtout, mais cette maladie n'est souvent que temporaire et se manifeste surtout au printemps ou au commencement de l'été. En général, ces plants sont d'excellents porte-greffes, très-vigoureux.

L'Elvira peut donner un excellent raisin blanc à peau fine, à chair assez juteuse et sucrée, un vrai raisin de table. On peut aussi en faire un bon vin blanc.

Le Norton et le Cynthiana, susceptibles de fournir un vin

excellent, exigent un sol léger, profond et frais. La feuille jaunit presque partout. Ce sont des plants difficiles à enraciner et à transplanter.

En dernier lieu, viennent les Labrusca, Concord, Catawba, Hartfort prolific, to Kalon, etc, qui sont, en général, peu vigoureux dans Vaucluse. Leur état languissant me paraît tenir surtout à leur aptitude à nourrir le phylloxera.

Dans un sol léger et frais, condition fâcheuse pour l'insecte, ils résistent parfaitement, témoin la vigne de Concord âgée de 8 ans, vue à Carpentras et citée plus haut.

Vignes françaises. — Insecticides.

Bien que notre tournée se bornât à la visite des plants américains, nous n'avons pas manqué de remarquer beaucoup de vignes françaises reconstituées par des plantations récentes, La plupart n'ont pas été traitées par les insecticides; elles sont destinées probablement à disparaître à la 5e ou 6e année. Quelques-unes ont été traitées avec succès par les insecticides, notamment par le sulfure de carbone liquide. Nous en avons vu de très bien conservées par ce procédé. Quelques viticulteurs emploient pour conserver et reconstituer leurs vignobles, concurremment, les insecticides et les cépages américains. C'est là une pratique que nous aimerions à voir suivre plus fréquemment dans Vaucluse, où l'on s'est détourné trop tôt des insecticides, en présence des insuccès du début, à l'époque où les prodédés de traitement étaient encore mal assurés.

N'ayant pas eu, pendant notre tournée, l'occasion de visiter des vignes submergées, nous ne parlerons pas de ce mode de destruction du phylloxera.

Avenir des plants américains dans Vaucluse.

Les surfaces plantées en vignes américaines dans le département sont encore très restreintes. Mais beaucoup d'essais sont entrepris sur de petites étendues, surtout dans des pépinières. Ces pépinières sont, en général, bien soignées. On y sent l'intérêt attaché à la question. Beaucoup de viticulteurs incrédules ou timorés, réfractaires à l'innovation, n'en suivent pas moins avec une grande attention le développement des cépages étrangers sur le domaine du voisin, prêts à bénéficier, pour leur compte, de l'expérience faite par autrui. Une grande partie du territoire est favorable à la végétation de quelques espèces robustes.

A la suite de cette lecture, M. Pichard fait observer qu'il n'a pas parlé du fer pour plusieurs raisons: 1° parce qu'il existe dans tous les sols en assez grande quantité pour les besoins des végétaux; 2° parce que le jaunissement des feuilles a un caractère temporaire et qu'il peut survenir malgré la présence de cet agent; 3° parce que la constitution de la chlorophylle, n'étant pas encore connue, il croit prématuré de tirer des conclusions sur les causes du changement de couleur des organes foliacés.

M. Planchon fait remarquer que les expériences de M. Eusèbe Gris sur l'action du fer sont concluantes et qu'il est incontestable que par son emploi on peut facilement guérir la jaunisse simple. Il ajoute, en l'absence de M. Vialla, que les terrains rugineux sont particulièrement favorables à la culture de la vigne.

M. Pichard répond que ce qu'il vient d'avancer n'en persiste pas moins et il répète qu'avant de connaître la constitution de la chlorophylle, toute explication lui paraît prématurée.

M. Planchon dit que, quelle que soit la cause, les faits sont là et que si l'explication scientifique est encore à trouver, on ne peut nier le fait pratique qui est patent.

M. le Président donne ensuite la parole à *M. Gaston Bazille*, sénateur du département de l'Hérault, et il lui témoigne toute sa reconnaissance pour la part qu'il a bien voulu prendre dans les travaux du Congrès, malgré ses nombreuses occupations.

CONFÉRENCE DE M. G. BAZILLE

M. G. Bazille remercie M. le Président des paroles flatteuses qu'il vient de prononcer à son égard et il lui donne l'assurance du vif intérêt qu'il porte à la viticulture française.

C'est, dit M. G. Bazille, en 1869, au Congrès de Beaune, que sonna le glas des vignes européennes; mais là aussi naquit l'espérance, car c'est dans cette réunion de viticulteurs que M. Laliman présenta des cépages végétant avec vigueur malgré la présence du phylloxera.

Depuis cette époque, le mal s'est beaucoup aggravé. En 1877, on comptait 288,000 hectares détruits; en 1878, 373,000; en 1879, 473,000: et on ne sait encore sur quelle surface s'étendra le désastre à la fin de l'année présente. Des Alpes aux Pyrénées, de la Méditerranée à l'Océan tout se tient, la tache phylloxérique s'étend presque sans solution de continuité; la Haute-Garonne, marquée sur la carte phylloxérique en 1878, avait cru sa virginité refaite en 1879: la commission supérieure avait rétabli la couleur blanche, aujourd'hui elle est obligée de la teinter de nouveau.

Non-seulement la France souffre des ravages de l'insecte, mais presque tous les pays viticoles d'Europe subissent sa funeste influence: l'Italie, l'Autriche, l'Allemagne, l'Espagne, la Suisse, Chypre, etc., sont envahis et s'occupent des moyens de sauvegarder leurs vignobles.

En examinant les divers moyens de lutte, M. Gaston Bazille dit que la submersion s'étendait en 1879 sur 4,950 hectares et qu'elle donne des résultats hors de conteste; que les vignes dans le sable, occupant 4,000 hectares dans le Gard, ne souffrent presque pas du phylloxera; que les vignes qui sont traitées par les insecticides couvrent 4,000 environ et que les cépages américains étaient cultivés à cette même époque sur plus de 3,000 hectares, dont 1,000 dans le seul département de l'Hérault.

La submersion et les sables étant mis hors de cause, on a souvent prêché la conciliation en termes fort courtois entre les insecticides et les vignes exotiques; mais il n'y a pas trop de plusieurs moyens et l'opportunité de l'application des uns et des autres se démontre toute seule par la force même des choses. Ainsi, le sulfure de carbone ne peut être employé utilement sur des sols pierreux, peu profonds, ni dans ceux où la production ne couvrirait pas les frais de traitement: il y a là un vaste champ libre pour la vigne américaine.

Il faut, dit-on, traiter pendant trois ans avant d'avoir régénéré la vigne; on nous exhorte à la patience, c'est bien! Mais où le cultivateur prendra-t-il l'argent nécessaire pour solder les dépenses? Et quant aux 500,000 hectares détruits! conseillera-t-on de les replanter en vignes françaises pour les traiter au sulfure lorsqu'on a sous la main un moyen beaucoup plus pratique? Croit-on encore que beaucoup de vignerons voudront s'astreindre à un traitement perpétuel et coûteux? M. G. Bazille ne le pense pas; la main d'œuvre, d'ailleurs, manquerait.

D'autre part, M. Catta, délégué régional, a annoncé que le sulfure de carbone peut produire des effets meurtriers dans les sols humides. Or, le cultivateur ne dispose pas de la pluie à son gré et il peut faire du mal à sa vigne s'il survient des intempéries subites aussitôt après le traitement. Les grosses racines souffrent encore lorsque les trous sont rapprochés et si on traite en été, par suite des réinvasions, on risque de brûler les feuilles de la vigne.

D'après un rapport de M. Pellicot, de Toulon, le sulfure de carbone n'a pas donné de bons résultats dans le Var et on l'abandonne à peu près partout dans ce département pour planter des vignes américaines. M. G. Bazille n'est point l'ennemi de cet insecticide, mais il dit qu'il ne détruit pas tous les insectes et que le prix de revient du traitement est trop élevé dans un grand nombre de situations.

Les traitements officiels n'ont pas donné tous les résultats qu'on avait espérés. L'Espagne a abandonné ceux qu'elle avait entrepris. Dans nos départements des Pyrénées-Orientales et de l'Aude, le mal a été pris dès son début, ce qui n'a pas empêché qu'aujourd'hui le phylloxera a tout envahi. Ces départements ne se trouvaient plus dans les mêmes conditions que la Suisse où, à Prégny, on avait une tache qui résultait d'une cause accidentelle. C'est là surtout qu'on a signalé les bons effets des insecticides, ainsi que sur quelques points de la Gironde et de la Côte-d'Or.

Lorsqu'en 1868 on découvrit le phylloxera en France, il y en avait déjà des centaines d'hectares envahis. On crut d'abord qu'on aurait raison de l'insecte comme on avait eu raison de la pyrale et de l'oïdium ; mais c'est toujours lui qui, dans la lutte, a eu le dernier mot. On a fumé, badigeonné, employé beaucoup de moyens et on a quand même succombé. Les insuccès des insecticides au Mas de las Sorres et à l'Ecole d'agriculture de Montpellier sont assez connus pour qu'il soit inutile de les rappeler ici.

Ayant planté des vignes américaines dès 1872, M. G. Bazille n'a cessé de les multiplier de plus en plus depuis cette époque, et il a grand espoir dans les résultats que pourront procurer certaines variétés ; il ne saurait cependant répondre complètement de l'avenir qui n'appartient à personne.

Les propagateurs des vignes américaines sont souvent appelés des *marchands de plants*. M. G. Bazille rappelle à ce sujet qu'il n'y a point de vendeurs sans acheteurs, que chaque année la demande est toujours plus forte que l'offre et que c'est là ce qui règle le prix d'une marchandise qui a le plus souvent coûté fort cher à celui qui en dispose aujourd'hui.

Au Sénat, M. G. Bazille a parlé en faveur des vignes américaines, car il a le devoir de répandre des idées justes. Une loi a été votée pour venir en aide aux départements qui s'imposent des sacrifices. Dans la plupart des cas on n'a subventionné, il est vrai, que des pays riches et peu ravagés ; mais de leur côté, ceux qui sont le plus ravagés ne demandent qu'une chose : c'est que le gouvernement n'entrave pas l'introduction des vignes américaines lorsque les Conseils généraux, d'accord avec les sociétés agricoles, les demandent. L'Italie est beaucoup plus tolérante : elle accorde même des primes aux viticulteurs qui pourront présenter les plus beaux semis de vignes résistantes.

Les détracteurs des vignes exotiques, qui ne les connaissent souvent que par ouï dire, objectent la perpétuité de l'insecte ; mais peut-on songer aujourd'hui à anéantir tous les phylloxeras qui existent et ne vaut-il pas mieux cultiver un cépage qui vit avec son ennemi sans souffrir de sa présence ? M. G. Bazille le croit et il ajoute que c'est ainsi que la surface plantée en vignes américaines, qui était de 3,000 hectares en 1879, a été au moins doublée en 1880.

Dans le principe on a planté un peu au hasard ; le Scupernong, le Concord, le Clinton, etc., qui ne réussirent pas partout ; plus tard, le Cunningham, le Jacquez, l'Herbemont, le Taylor, le Riparia, le Solonis, le Vialla, le Franklin, l'York-Madeira, l'Elvira, l'Alvey, le Black-July, etc., etc.

Le mieux est de laisser les plants parler eux-mêmes et que chacun s'en rapporte à ses propres recherches. MM. Vialla et Desjardins ont généralement constaté les faits suivants dans le midi : Le Clinton souffre en sols secs ; l'Herbemont préfère les côteaux ; le Jacquez, qui mûrit à la même époque que l'Aramon, vient partout quoiqu'il soit de reprise difficile et qu'il craigne l'antrachnose et le mildew dans des milieux humides et froids ; le Riparia pousse dans tous les sols ; Le Vialla est très vigoureux ; l'York est comme le chevalier Bayard, sinon sans peur du moins sans reproche ; le Solonis pousse admirablement dans les sols un peu frais.

Tout cultivateur peut faire une dépense de 20 fr. ; cela suffit pour lui procurer les meilleures variétés qui lui sont nécessaires, et les multiplier ensuite lui-même.

Il est essentiel que notre pays conserve ses anciens cépages qui avaient fait sa richesse : aussi faudra-t-il faire un grand nombre de greffes sur des pieds résistants. Il y a là un double fait d'adaptation à connaître : 1° celui de l'adaptation du porte-greffe au terrain ; 2° celui de la variété indigène sur le sujet résistant. La première de ces deux questions est en partie étudiée ; la seconde est aujourd'hui l'objet de nombreuses recherches.

Les bons porte-greffes doivent être de reprise facile : les Riparia, le Solonis, le Vialla, le Taylor, l'York, etc., sont précisément dans ce cas.

Près de Montpellier, deux points sont très intéressants à visiter, ce sont : l'Ecole d'agriculture et le Mas de las Sorres où se poursuivent des expériences sous la direction d'une commission présidée par M. Marès. A las Sorres, le terrain est rebelle aux insecticides et on y a planté comparativement des vignes françaises et des américaines. Les premières sont presque toutes mortes, tandis que les Jacquez, Riparia, Solonis

Vialla, York, sont très beaux ; certains d'entre eux portent des greffes superbes.

Dans la grande culture les Taylor portent de magnifiques chasselas; chez M. Jullian, à Villeneuve, et les vignobles de MM. Pagézy, Arnel, Fabre, etc., etc., méritent d'attirer l'attention des viticulteurs par les beaux résultats qu'on peut y constater.

Pour son propre compte, M. Gaston Bazille dit qu'il a greffé cette année 30,000 pieds américains âgés d'un à deux ans, en employant pour cette opération les ouvriers ordinaires de la culture. L'opération revenait à très peu de chose près à 3 fr. les cent greffes. Le vieux système de greffe en fente est celui qu'il a mis en pratique et il en a obtenu 98 à 99 % de reprise, ce qui est un succès remarquable.

De tout ce qui précède, il résulte que M. G. Bazille a un grand espoir dans le relèvement de la viticulture méridionale; car, dit-il, la vigne américaine prouve sa résistance avec le temps de la même manière qu'on a prouvé le mouvement en marchant.

M. le Président donne la parole à *M. Marès* pour une explication.

Mon ami, M. Gaston Bazille, dit M. Marès, a parlé des expériences de las Sorres et de celles de l'Ecole d'agriculture; mais je dois, à ce sujet, signaler deux faits qui ont leur importance : Dans les expériences faites à las Sorres, on s'est servi de la méthode de comparaison, et certains carrés auraient pu réussir si on s'y était pris différemment. Le sulfure de carbone n'a jamais rien donné de bon: depuis 1875, il n'a produit que des résultats médiocres ou mauvais. Les sulfocarbonates en ont donné de meilleurs.

Quant aux vignes américaines, elles sont dans une vraie phylloxérière, et si quelque chose est fait pour convertir les incrédules, c'est ce qu'on peut voir à las Sorres. Les Riparia, Solonis, York, Jacquez sont magnifiques, ainsi que des greffes faites sur ces cépages. Plus tard les résultats s'accuseront par rapport à l'adaptation des diverses variétés indigènes sur eux.

Enfin, M. Marès dit que si dans le nord, où la pullulation est moindre, on peut espérer des succès par l'emploi des insecticides, dans le midi, au contraire, les résultats s'annoncent comme devant être très favorables aux vignes américaines.

La parole est donnée à *M. le chevalier de Rovasenda*, membre de la Commission royale d'Ampélographie, délégué du gouvernement italien.

M. de Rovasenda remercie, au nom de l'Italie, les savants français qui se sont occupés avec opiniâtreté de la question du phylloxera et dont les études devront malheureusement être bientôt mises à profit par le pays qu'il a l'honneur de représenter au Congrès.

Les vignes américaines existent en Italie depuis 1835 et il n'y avait pas de phylloxera avant ces dernières années, encore les points envahis ne possèdent-ils nullement ces vignes à l'heure actuelle.

La loi de prohibition des végétaux a été votée avant l'envahissement de l'Italie. Le conseil des douanes fut consulté auparavant, mais on ne pouvait moins faire que de prohiber, car les employés ne sont pas botanistes, et si on met d'un côté les malheurs qu'on avait en vue d'éviter, et de l'autre quelques plantes pourries, on ne peut douter un instant de quel côté doit pencher la balance.

CONFÉRENCE DE M. DE ROVASENDA

Messieurs,

Lorsque j'ai été invité à prendre la parole dans cette réunion si importante, à laquelle sont présentes en si grand nombre les plus célèbres notabilités viticoles et scientifiques de la France, je me suis demandé ce qu'un délégué de l'Italie pouvait apporter d'un peu remarquable sur la question phylloxérique : quels faits nouveaux, quelles déductions pratiques ou scientifiques il aurait pu réunir, énoncer dans cette enceinte sur une question d'un si vif intérêt, qui doit décider du sort de la viticulture de tous les pays? Eh bien, je dois vous le dire franchement, dans mon examen je n'ai pas trouvé un seul fait nouveau, une information intéressante qui m'autorisait à me présenter à vous comme un ouvrier tant soit peu utile et désireux de concourir à l'érection de l'édifice de défense contre le phylloxera, qui est le but de cette réunion.

Je crois que l'on peut dire que la question phylloxérique est née en France, car c'est ici que cette maladie de la vigne a commencé à produire en grandes proportions ses ravages, c'est en France qu'elle a été étudiée, c'est par l'esprit scientifique et d'observations des personnes éminentes dont vous avez déjà entendu la parole autorisée, que la question de défense phylloxérique a fait ses progrès, a trouvé des armes pour combattre et a expérimenté des moyens de salut. Ce n'est donc pas les envahis de la dernière heure qui pourront venir apporter ici quelques théories ou quelques faits nouveaux, ils ne pourront que venir apprendre, venir recueillir tous les renseignements et les bonnes pratiques qui ne feront pas défaut aux auditeurs dans cet important congrès.

En réfléchissant mieux cependant, j'ai trouvé qu'un délégué de l'Italie qui vient d'être récemment envahie et qui ne fait que d'entrer dans la lutte avait bien quelque chose à apporter au Congrès. Toutes les découvertes faites par les savants et les viticulteurs français, la vie et les mœurs de l'insecte maintenant bien connues, grâce à leurs travaux, les moyens de défense déjà expérimentés ont rendu moins incertaine la voie à suivre pour se défendre. On comprend aujourd'hui la nécessité d'une lutte à outrance dès la première apparition du fléau. Ce sont donc bien les études et les découvertes faites en France qui ont infiniment amélioré la position des derniers envahis. C'est donc de la plus haute justice que les étrangers, de l'Italie surtout, viennent apporter dans cette réunion si compétente les remercîments les plus vifs et les plus empressés aux hommes éminents qui, par leurs travaux, leurs découvertes et leurs observations, ont été si utiles à la viticulture de tous les pays. C'est un devoir, je dois le déclarer, que j'accomplis de grand cœur et par conviction de justice, j'ose même ajouter que l'Italie aurait pu trouver d'autres interprètes de ses sentiments, plus autorisés et plus habiles, mais pas de plus sincères et de plus convaincus pour remplir avec plus de bonne volonté ce devoir.

Après cet hommage rendu au mérite et au travail, si je dois vous dire quelque chose de la vigne américaine en Italie, il me paraît que ce qui s'est passé dans mon pays absout entièrement les vignes américaines d'une accusation injuste qu'on a souvent portée contre elles. On a indiqué la vigne américaine et cela même dans quelques documents officiels que je pourrais citer, comme retenant toujours et essentiellement sur elle-même le puceron ravageur, on a soutenu qu'elle fut partout et toujours la seule cause de la diffusion du mal.

Eh bien, l'Italie a cultivé pendant 40 ans les vignes américaines de 1835, à 1876, sans être envahie par le phylloxera, et lorsqu'on a découvert dernièrement le terrible insecte dans ses vignobles, les cépages américains ont été complètement en dehors de son introduction. Sur les quatre ou cinq foyers d'infection que compte l'Italie, deux en Sicile à Riesi et la Betiro et trois en Lombardie, Valmadrera, Agrate et Gessate, le cépage américain est resté complètement étranger à ces invasions.

Si le phylloxera a dû nous parvenir des Etats-Unis où il est indigène, il a pu être bien naturellement transporté sur des racines venues de son pays, comme il a pu aussi se trouver mêlé à toute autre expédition commerciale d'une manière quelconque qui est passée inaperçue. Une fois établi dans les vignobles européens, le malheureux accident du transport du terrible insecte a pu être à la charge des vignes du pays aussi bien que de celles d'Amérique et d'un tout autre moyen de diffusion. Le puceron se multiplie en bien plus grand nombre sur nos cépages que sur ceux d'outre-mer; ceux-ci, d'ailleurs, étaient il y a peu de temps en nombre très-restreint dans nos vignobles; par conséquent, dans les innombrables transmissions et échanges de cépages auquels a dû avoir recours la viticulture de tous les pays, il n'y a pas lieu certainement d'attribuer toutes les infections qui ont pu suivre aux seuls cépages américains,

Pardonnez-moi, Messieurs, si je vous dis ici des choses bien connues; mais puisque les faits qui ont eu lieu en Italie répondaient à des préventions et à des accusations injustes, j'ai cru devoir les reproduire pour les dissiper. Veuillez observer, je vous prie, que je ne conteste pas les infections qui ont eu lieu au moyen de cépages d'Amérique, je tiens seulement à constater que cela n'a pas eu lieu toujours. Bien des fois, on a introduit des cépages américains sans apporter l'infection. L'Italie a été dans ce cas et elle en cultive maintenant plusieurs variétés tout à fait exemptes de toute infection.

L'introduction des cépages d'Amérique en Italie a eu lieu vers l'an 1835, par les établissements d'horticulture. J'ai vu dernièrement un catalogue de cette époque environ, dans lequel l'Isabelle était annoncée comme une nouveauté des plus méritantes pour la viticulture et notée à un prix assez élevé. Ces variétés alors introduites étaient d'abord plusieurs Labrusca sous des noms variés. A ce que j'ai pu observer dernièrement sur des plants portant les mêmes noms, ces cépages étaient ou identiques ou peu différents de l'Isabelle. Avec eux, on introduisit alors le Katawba, le Solonis sous le nom de Worthington, l'Elsimbourg et, si je ne me trompe, l'Oporto.

Plus tard, un consul qui avait été en Egypte introduisit de nouveaux Labrusca et certainement de nouveau l'Isabelle. Dans les collections on a introduit plus tard par bouture quelqu'autre cépage, mais en petit nombre, et pour mon compte, je dois à l'obligeance de M. Pulliat, qui a toujours eu beaucoup d'amitiés pour moi, le Jacquez, le plus précieux peut-être de tous.

Voilà, Messieurs, les cépages américains que l'on cultive maintenant en Italie. Après 1840, l'Isabelle de préférence, et en moindre proportion le Katawba et le York-Madeira, ont été multipliés et répandus dans la grande culture et ensuite dans es établissements horticoles existant en Piémont, dans la Lombardie, la Venétie et en Toscane, qui les avaient disséminés dans les régions environnantes. Le Solonis, le Clinton et autres, étaient plutôt destinés à couvrir les berceaux et les murailles, mais malgré cela ils se trouvent répandus chez un grand nombre de propriétaires.

L'Isabelle trouva un ardent propagateur dans la personne du marquis de Ridolfi, de Florence, célèbre agronome qui donna une certaine extension à sa culture délaissée, je crois, par le marquis Ridolfi actuel, son fils. En Piémont, dans les arrondissements d'Ivrée, de Bielle et de Novare, le long du lac Majeur, et dans la Province de Côme, on a décidément accepté l'Isabelle, comme cépage de production directe en proportions fort remarquables. En raison de sa grande fertilité et de sa facile résistance à l'oïdium, on en a planté des vignobles très étendus pour produire du vin de consommation locale et on s'est habitué à sa saveur spéciale et peu agréable ; sa culture va chaque année en augmentant. Heureusement, le York-Madeira s'est trouvé mêlé en certaine proportion à l'Isabelle dans ces cultures et dans l'arrondissement de Novar, mais surtout dans la province de Côme et même dans le canton du Tessin et la Venétie, où on trouve des plantations d'une certaine étendue dont on recueille maintenant avec soin le bois pour la multiplication.

Il est donc essentiel de constater que l'Italie se trouve en ce moment fournie dans une proportion très-sensible de cépages américains non attaqués du phylloxera et dont une partie, grâce aux expériences et aux observations faites en France, sont résistantes aux piqûres de l'insecte et pourront lui servir pour reconstituer ses vignobles détruits. Mais vous savez, Messieurs, que l'Italie, qui jusqu'à ces dernières années a espéré être libre des attaques du terrible puceron, à la première découverte de ses infections a pris bon courage pour lui disputer le terrain et pour combattre comme la Suisse la multiplication par l'arrachage des vignes infectées. Certainement l'Italie n'a pas à se plaindre jusqu'à présent de la manière de combattre qu'elle a choisie et nous devons espérer que le gouvernement continuera à suivre le chemin dans lequel il s'est engagé. Mais tant que ce genre de combat durera, ce ne sera pas le cas, je crois, pour les viticulteurs italiens d'entreprendre en grand des plantations de vignes américaines résistantes qui pourraient tomber dans le cercle où elles seraient détruites pour cause d'infection. Par la cure radicale de l'extirpation, on pourra bien espérer d'être sauvé des attaques, au moins pour un certain nombre d'années; il suffira donc pour nous de garder soigneusement les cépages résistants pour le jour que Dieu veuille tenir bien éloigné où, malgré l'arrachage le plus impitoyable, on ne pourra plus résister à la multiplication de l'insecte.

En vue pourtant du nombre considérable de cépages résistants et non infectés dont l'Italie pourra disposer dans peu d'années, j'émets ici le vœu qu'elle puisse par leur moyen venir au secours de la viticulture française et lui rendre en partie au moins les bienfaits que ses savants et ses viticulteurs, par leurs études et leurs observations, lui ont apportés, qu'elle puisse leur fournir un remède exempt de toute maladie, ce qui n'arrive pas du côté de l'Amérique.

Messieurs, je craindrais d'abuser de votre temps et de votre patience si je vous parlais des semis de vignes américaines faits en Italie. Vous êtes tous bien plus compétents que moi sur cette question, car vous observez les nouveaux plants de graines depuis plusieurs années, tandis qu'en Italie, ils ne comptent que deux ans; mais vous me permettrez de vous adresser une question. Croyez-vous qu'on puisse en fait de cultures de plantes à fruit renoncer au sujet, à l'individu, pour ne considérer que la masse des sujets ensemble? Croyez-vous qu'on puisse renoncer à la sélection des sujets pour ne les considérer que comme parties égales d'une masse d'ensemble? Evidemment, à mon avis, le semis est un moyen transitoire de multiplication, mais une fois une grande masse de nouveaux plants obtenue, il faudra revenir à la bonne pratique de les juger particulièrement, de les comparer les uns aux autres, de les classer, de les dénommer et de donner la préférence aux plus méritants Il ne me paraît pas trop possible que le semis puisse donner lieu constamment à une quantité de cépages uniformes et identiques à tel point de constituer des sujets d'une reprise, d'une croissance et d'un rapport parfaitement égaux; évidemment il en naîtra une foule de variétés. Messieurs, je crois que nous semons pour le travail des ampélographes à venir: leur besogne ne sera pas moins rude que la nôtre.

Dans le peu d'observations que j'ai pu faire sur ce sujet, je dois dire que j'ai trouvé cependant des semis de Riparia du Missouri d'une homogénité de réussite à laquelle je ne m'attendais pas. Je ne parle que de l'apparence de jeunes plants, vous aurez déjà eu occasion d'observer si, avec le développement des plantes, cette homogénité se conserve. Autrefois, j'ai vu au contraire des semis, récoltés avec un soin particulier, donner lieu à des plants d'une disparité frappante.

Il ne me paraît pas contestable que, sur une grande quantité de vignes obtenues de semis, quelque sujet puisse dépasser les autres par sa rusticité, par sa bonne tenue, qu'il puisse en un mot se montrer plus convenant. Il vaudra donc toujours mieux multiplier en grand ce même sujet plutôt que d'adopter sans sélection tout nouveau semis; il sera plus utile de multiplier ce qu'on aura trouvé meilleur, au lieu de prendre bon, passable et mauvais ensemble.

Messieurs, nous voyons que tous, savants et agronomes, ont offert leurs services au pays dans la terrible crise phylloxérique; il y a eu lieu à une noble émulation pour venir en aide à la viticulture souffrante et tandis que la chimie a trouvé de puissants insecticides, l'esprit d'observation et l'activité des viticulteurs n'est pas restée en arrière et a trouvé les moyens de salut les plus facilement applicables.

En jugeant des succès obtenus par le passé et des gains tout à fait méritants obtenus par les semeurs français en fait de cépages à jus coloré, ou d'une exquise bonté et d'une ravissante beauté pour la table, il y a tout lieu d'espérer qu'on pourra obtenir des hybrides résistants, d'une bonne production directe pour la vinification. La viticulture aura obtenu un grand succès le jour où elle pourra s'affranchir du greffage, car sans cela une partie de la récolte lui fera défaut ou sera absorbée par un surcroît de dépenses.

Un Cabernet, un Sauvignon blanc, une Syrah, un Pinot, hybrides américains et résistants à l'insecte, voilà ce que je souhaite de grand cœur à la viticulture française et qu'elle mérite tout à fait. En attendant, j'espère que l'Italie pourra lui offrir des cépages résistants à l'abri de toute infection et provenant de ses régions non attaquées.

M. le Dr Crolas rappelle aux membres du Congrès qu'ils peuvent retirer au bureau un ticket d'aller et retour pour St-Germain-au-Mont-d'Or, et que le train partira demain matin à 5 heures 55 de la gare de Perrache. Le retour s'effectuera vers 9 heures pour la séance

M. Crolas croit que les viticulteurs qui auront la bonne fortune de prendre part à l'excursion seront convaincus par les résultats qu'ils pourront constater au champ d'expériences de la Commission départementale du Rhône.

La parole est à M. Prosper de Laffitte, Président du Comité central d'Etudes et de Vigilance du département de Lot-et-Garonne.

A la séance du 14 septembre, M. de Laffitte avait demandé à ce qu'il ne fût pas fait mention de sa conférence qu'il n'avait pu achever la veille. Le Bureau consentit à faire droit à ce désir.

Néanmoins la Commission de rédaction, désireuse de donner un *Compte-rendu* aussi complet que possible, a écrit à ce Conférencier pour tâcher de le faire revenir sur sa décision. Voici la réponse que M. de Laffitte vient d'adresser à la Commission.

« Lapannenque, 19 novembre 1880.

« M. V. Pulliat, secrétaire de la Société régionale de « viticulture de Lyon.

« Vous me faites l'honneur de me demander, au nom de la « Commission de rédaction des Conférences de Lyon, si je per- « siste dans le désir que j'ai exprimé dans la séance du 14 sep- « tembre, qu'on ne fasse pas mention de mon discours dans les « comptes rendus.

« Oui, je crois devoir persister dans la demande que j'ai

« adressée le 14 septembre, demande qui a été accueillie par « le Bureau et l'Assemblée. J'ai demandé que ce que j'avais dit « la veille ne fût pas même mentionné; et, dans le cas où on « croirait devoir indiquer qu'une suppression a été faite dans « le compte rendu, on voulut bien dire qu'elle a été faite à ma « demande, et par ce motif, que cette première partie d'un « discours qu'il ne m'a pas été permis d'achever, donnerait « certainement une idée très fausse des conclusions auxquelles « je serais parvenu. La décision intervenue laisse donc à la « Commission de rédaction le choix entre ces deux partis. Mon « opinion est que le mieux serait de passer l'incident sous « silence.

« Je suis reconnaissant à la Commission de rédaction et à « vous-même, de l'offre courtoise qui m'est faite, et j'ai l'hon- « neur de vous prier, Monsieur, d'agréer l'assurance de mes « sentiments les plus distingués. »

. . . . . .

La séance est levée.

Mardi 14 Septembre 1880

PREMIÈRE SÉANCE

Prennent place au bureau MM. Bender, président ; Trenel, vice-président, et Barral, secrétaire perpétuel de la Société nationale d'agriculture de France.

MM. Pulliat et Bréheret remplissent les fonctions de secrétaires.

M. P. Tochon, président de la Société d'agriculture fait la communication suivante sur l'état actuel de la viticulture en Savoie.

Il s'exprime en ces termes :

CONFÉRENCE DE M. P. TOCHON

Messieurs,

Le comité d'organisation du Congrès viticole international de Lyon ayant bien voulu nous confier la mission de rendre compte de l'étendue de l'invasion phylloxérique de l'arrondissement de Chambéry, des moyens de résistance que nous avons opposés à l'insecte, ainsi que des essais de plantation de cépages américains et de leur adaptation à notre sol, nous allons résumer aussi brièvement que possible les faits présentant quelque intérêt, se référant à ces diverses questions.

Ce fut le 2 octobre 1878 que nous eûmes le regret de constater que les vignes de la Savoie, jusqu'alors présumées indemnes, étaient envahies par le phylloxera.

L'étendue de la première tache trouvée aux Marches, sur un point rapproché de nos vignobles les plus renommés, ne nous laissa aucun doute sur l'ancienneté de l'invasion et la certitude que nous en trouverions bientôt d'autres.

En effet, dès le lendemain, deux nouveaux points d'attaque étaient signalés.

Monsieur le Préfet de la Savoie s'empressa d'appeler l'attention du Ministre de l'agriculture sur cette invasion qui menaçait une des principales sources de richesse du département de la Savoie. Malgré la promptitude de cette démarche, ce ne fut qu'au printemps de 1879 que l'État prit à sa charge le traitement de nos vignes en utilisant le sulfure de carbone.

Une escouade de recherche fut aussitôt organisée; elle fut placée sous la direction de M. le baron Perrier de la Bâthie, notre sympathique professeur d'agriculture.

Ces recherches eurent, dès leur début, pour résultat, la découverte, sur la commune de Saint-Jeoire, d'un point d'attaque considérable que l'on ne pouvait faire remonter à moins de 7 à 8 ans.

Le vignoble le plus maltraité se trouvait situé dans une vallée étroite, dominée par des montagnes couvertes de bois de chêne.

Saint-Jeoire joignant la commune de Chignin, qui limite elle-même celle des Marches, on ne peut mettre en doute que c'est de là que sont partis les colons de ces deux communes.

Les recherches, en se continuant, firent reconnaître la présence du phylloxera sur presque toutes les communes qui s'étendent de Saint-Jean de la Porte à Saint-Alban ; on le trouva encore sur la rive gauche de l'Isère, dans les vallées d'Aix, de la Chautagne, puis au-delà du Mont-du-Chat, à Saint-Paul, à Saint-Pierre de Curtille et à Jongieux.

Toutes ces taches révélaient leur ancienneté par de larges surfaces sans végétation où l'insecte avait fait de nombreuses victimes.

Sur deux points opposés et fort éloignés l'un de l'autre, à Drumettaz-Clarafond et à Saint-Paul-sur-Yenne, des treillages formés de vieux ceps avaient cédé aux attaques du phylloxera.

Ainsi disparaissait l'illusion que nous avions pu nous faire sur la résistance prolongée de nos treillages.

Arrivé à la fin de 1879, le département de la Savoie comptait 63 points d'attaque, occupant une superficie soumise au traitement, dont nous allons parler, de 30 hectares, dispersés sur les 13 communes les plus viticoles de l'arrondissement de Chambéry.

Pour terminer l'histoire de l'invasion de la Savoie, disons que les investigations de 1880, à peine à leur début, ont constaté une augmentation considérable de points d'attaque et l'envahissement de 4 nouvelles communes viticoles.

En résumant les faits connus jusqu'à ce jour, on trouve dans le seul arrondissement de Chambéry 303 taches, réparties très-inégalement sur 17 communes.

Les trois autres arrondissements du département de la Savoie paraissent jusqu'à ce jour indemnes.

On n'a pas manqué de s'enquérir d'où pouvait nous venir l'insecte colonisateur de la Boisserette.

Les vignes américaines ne peuvent être accusées de ce méfait. Avant l'invasion, il n'était pas entré en Savoie un seul cep du Nouveau-Monde, sauf peut-être l'Isabelle, que l'on trouve depuis un temps immémorial dans tous les jardins.

Ce ne sont pas non plus des plants français tirés des pays phylloxérés qui nous ont gratifié de ces parasites ; les cépages rouges et blancs, peu nombreux, cultivés dans nos vignes, s'y trouvent depuis des siècles ; on les conserve religieusement et l'on n'a pas de motifs pour les tirer de l'étranger.

Nous en sommes donc réduit à des conjectures, à supposer, par exemple, que le vent qui s'engouffre dans le couloir étroit de la Boisserette a apporté les premiers insectes en parcourant les 40 ou 50 kilomètres qui nous séparent de Talissieux-Culoz, dans l'Ain, ou en traversant le département de l'Isère pour nous arriver de Vienne, où le phylloxera a depuis longtemps droit de cité.

Traitement au sulfure de carbone

Dès le début de l'invasion, des démarches avaient été faites par M. Paul Fabre, alors préfet de la Savoie, pour que, se référant à l'art. 4 de la loi du 15 décembre 1878, l'État se chargeât de traiter les premières taches découvertes. Ces démarches eurent un heureux résultat, mais ce fut seulement au printemps de 1879 que M. Gastine, chimiste du Paris-Lyon-Méditerranée, nous arrivait avec une escouade d'employés exercés à manier le pal et à appliquer le sulfure de carbone.

La vigne était en pleine végétation, lorsqu'il fut possible de commencer le traitement, et l'on dut le continuer jusqu'à l'arrière automne, parce que, d'un côté, les pluies de l'été 1879 occasionnèrent de nombreux jours de chômage, et qu'en continuant les recherches l'on trouvait constamment de nouvelles taches.

Le traitement opéré dans ces conditions eut pour résultat, comme cela arrive toujours, un arrêt momentané des fonctions des racines, la mort des ceps fortement puceronnés, et comme conséquence une réduction de récolte.

Il est né de ces circonstances spéciales une hostilité des vignerons contre les personnes chargées des recherches et des applications de sulfure de carbone ; elle s'est traduite à la Boisserette en 1879 par le bris de quelques tonneaux de sulfure.

C'est M. Gastine, nous l'avons dit, qui dès le début fut chargé d'appliquer en Savoie le traitement ; il continue aujourd'hui à le faire comme délégué régional.

M. le baron Perrier de la Bâthie, professeur d'agriculture, délégué départemental, a pour mission les recherches de l'insecte et la surveillance du traitement.

Rendons hommage à la vérité en disant que ces deux Messieurs, dans l'exercice de leur délicate mission, savent allier à une grande activité, une louable prudence que rend nécessaire l'hostilité des vignerons.

Nous n'entrerons pas dans les détails techniques sur l'application du sulfure de carbone, nous dirons simplement qu'en 1879 on a injecté 72 gr. de sulfure de carbone par mètre carré de vigne phylloxérée et 36 gr. seulement sur la zone de protection tracée tout autour.

Ces injections ont été opérées deux fois de 6 à 10 jours d'intervalle au printemps et de 4 à 6 en été.

Depuis le mois de juillet 1879, les injections ont été de 48 grammes, divisées en deux opérations, aussi bien sur les taches que sur la zone de protection.

En 1880, on a traité les taches à raison de 65 grammes par mètre carré et la zone de protection à 35 grammes, toujours en deux fois.

Depuis le mois de juin, le traitement n'est plus que de 35 gr. par mètre carré, mais la zone de protection qui reçoit le même traitement a été portée de 15 mètres à 30 et même quelquefois à 40 mètres.

D'après les données fournies au Conseil général par M. le Préfet de la Savoie à la session d'août dernier, le prix de revient moyen de ces traitements est de 762 fr. par hectare pour les applications de sulfure de carbone, à la charge de l'Etat, et de 1 fr. par hectare pour les recherches payées par le département.

Résultats obtenus en Savoie par les applications du sulfure de carbone

Dès le début du traitement on s'est demandé si le phylloxera subissait utilement les atteintes de l'insecticide ; les recherches opérées après l'opération semblaient donner raison au traitement, et si tous les insectes n'étaient pas morts, si tous les œufs n'avaient pas été atteints, la majeure partie avait péri ; on espérait donc, à la fin de 1879, de voir ralentir la marche en avant de l'invasion.

Après un hiver aussi rigoureux que celui de 1879-1880, ceux qui croient à la réalité de la présence de l'insecte, et ils n'étaient pas nombreux alors en Savoie, ne doutèrent pas que le dernier puceron eût été anéanti par un abaissemant de température qui avait atteint les souches et même les racines.

Les premières recherches de 1880 constatèrent que les vignes traitées l'automne précédent nourrissaient peu de phylloxeras ; mais en étendant le cercle des investigations, on reconnut un nombre considérable de nouvelles taches, et sur bien des points elles en arrivaient à se joindre ; le mal a pris, dès lors, de telles proportions qu'il est bien à craindre qu'il devienne impossible d'en atténuer les conséquences.

Les causes qui paraissent avoir amené ce résultat sont dues à la composition de la couche arable, à son extrême perméabilité et son peu de profondeur. On aura à remarquer que la vallée qui, de Cruet s'étend aux portes de Chambéry, est dominée au sud par une chaîne de montagnes calcaires; sur ses pentes inférieures sont plantés les meilleurs vignobles de la Savoie.

Le sol de ces vignes se compose d'éboulis calcaires reposant sur une roche de même nature.

Le peu de profondeur et la nature brûlante de la couche arable usent vite le cep; ils nécessitent depuis des siècles des provignages rapprochés, il en résulte un exhaussement successif des racines, que les transports de terre ne parviennent pas à compenser.

Ce sol caillouteux et brûlant est le terrain de prédilection du phylloxera, il y pénètre facilement, il y trouve une température qui lui rappelle son pays d'origine, et lorsque ses ennemis lui injectent des insecticides, la perméabilité et le peu de profondeur de la couche arable facilitent l'évaporation du sulfure de carbone sans que l'insecte ait trop à en souffrir.

Telle est, nous le pensons du moins, la cause première de la rapide expansion du mal; il a pris aujourd'hui de telles proportions qu'il faudrait, pour profiter des applications du sulfure de carbone, les généraliser, non pas avec la certitude de sauver nos vignes, mais d'en prolonger quelque temps l'existence, Dieu sait à quel prix!

Le peu de résultat obtenu des sacrifices que l'Etat et le département se sont imposés pour nous venir en aide nous fait craindre que le jour où nous serons abandonnés à nous-mêmes, le traitement au sulfure de carbone, auquel nos vignerons n'ont pas foi, qu'ils subissent malgré eux et dont ils réclament avec instance la cessation, ne soit complètement abandonné, lorsqu'il s'agira d'en payer les frais.

Les vignes américaines

Depuis que l'invasion de nos vignes est une réalité, un petit groupe de propriétaires, membres de la Société centrale d'agriculture du département, ont visité les plantations de cépages américains du midi de la France; leur dévouement aux intérêts viticoles de la Savoie leur a fait reconnaître que leur introduction était peut-être la seule planche de salut qui restât pour sauver nos vignes d'une destruction complète.

Malheureusement, leurs démarches pour obtenir la libre circulation des cépages américains a trouvé un obstacle à sa réalisation dans le traitement par l'Etat des taches phylloxérées. On a objecté que l'on ne pouvait donner une autorisation qui semblait une affirmation de l'inutilité des dépenses faites pour nous délivrer du phylloxera que, du reste, il y avait un véritable danger à permettre la circulation des plants qui ont apporté le phylloxera sur le continent.

On a vainement observé que les deux remèdes pouvaient sans inconvénient marcher de front; qu'en autorisant l'introduction des boutures, on n'avait aucune crainte d'apporter de nouveaux insectes, et que, tout en continuant les applications de sulfure de carbone, on s'assurerait de l'adaptation des cépages du Nouveau-Monde à notre sol et de l'efficacité de leur résistance.

Tout a été inutile, et malgré l'avis favorable donné par la Société d'agriculture, par la commission d'étude et de vigilance contre le phylloxera, voire même dernièrement par M. Bel, député, président du Conseil général, on a hésité dans ce même Conseil à donner un avis favorable à cette demande.

Est-ce à dire que nous en soyons réduits aujourd'hui, pour faire des essais, à attendre une autorisation que nous obtiendrons alors seulement que l'État aura cessé de faire traiter nos vignes? non sans doute, car avant les arrêtés ministériels prohibant l'introduction des plants américains, nous avions le Riparia baron Perrier, trouvé par M. Pulliat dans la propriété de la Bâthie, où il avait été planté par M. Perrier père, il y a bientôt quarante ans; quelques sarments des variétés les plus résistantes, greffés à propos sur nos vignes françaises, se sont rapidement développés; elles ont multiplié dès lors, et c'est grâce à ces plants et à quelques-uns venus de semis, que nous pouvons vous parler aujourd'hui de leur adaptation à notre sol.

A la deuxième feuille ils se sont mis à fruit, et les boutures levées sur ces greffes, mises en terre cette année dans un terrain argilo-calcaire-ferrugineux, sont d'une beauté remarquable.

La Savoie ne doit pas espérer de voir mûrir la plupart des raisins des cépages américains de la famille des œstivalis, donnant des produits directs, à l'exception peut-être en raisins rouges, du Jacquez, du Cynthiana et de l'Elzimbourg, de l'Elvira et du Noah en blanc, du Delaward, en raisin rose, et encore le Jacquez le plus renommé de ces cépages *s'enthracnose* facilement.

Le riparia *baron Perrier* a pu se répandre rapidement, grâce à l'obligeance et à la prévoyance de son propriétaire ; il a mis en boutures depuis trois ans tout le bois de son vieux riparia, il en a fait profiter les viticulteurs de la Savoie.

Le riparia tomateux, grâce à sa robuste constitution, est lui aussi, déjà très répandu. Viennent ensuite le Vialla, le Gaston-Bazille, l'York-Madeira, le Solonis.

Tous ces plants, placés dans des terrains calcaires de bonne qualité, ont donné une réussite exceptionnelle soit en semis, soit en boutures.

Si nous échelonnons ces riparia et leurs hybrides porte-greffes, au point de vue de leur adaptation à notre sol, nous placerons au premier rang le Vialla, puis le Riparia tomateux, le baron Perrier, le Gaston-Bazille, l'York's-Madeira et le Solonis. Tous sont d'une résistance incontestable.

Ces plantations sont de dates trop récentes pour que l'on puisse en tirer des conclusions absolues sur leur parfaite réussite en Savoie ; mais nous pouvons, dès ce jour, concevoir les meilleures espérances sur leur adaptation à notre sol.

Pour nous qui avons suivi avec un vif intérêt la marche progressive de la faveur que l'on accorde aujourd'hui aux plants américains, nous dirons que non-seulement nous ne doutons pas que nous ayons en mains le moyen assuré de reconstituer nos vignes à mesure qu'elles périront, mais encore que l'introduction d'une sève nouvelle, plus forte, plus active que celle de nos anciens cépages, rendra nos plantations plus rustiques, plus productives, en même temps qu'elle leur assurera une longévité qu'elles n'avaient plus.

Ces considérations, aujourd'hui confirmées par l'expérience, déterminerout, nous n'en pouvons douter, les élus du Conseil général de la Savoie, qui tous ont à cœur les intérêts bien entendus de leur département, à considérer les cépages américains comme l'unique moyen de conserver nos vignes ; car, si nous reconnaissons, avec tous les hommes de bonne foi, que le sulfure de carbone a une utilité réelle, au début d'une invasion, pour retarder la marche de l'insecte, on ne pourra hésiter à avouer avec nous que jamais cet insecticide ne parviendra à rendre la vie à nos vignes attaquées et à les préserver de la mort. Il ne suffit pas toutefois de reconnaître cette vérité, il faut que chaque vigneron puisse se préparer à reconstituer économiquement ses vignes, il faut que lorsque le moment sera venu de remplacer les ceps tués par le puceron, il ait une pépinière où il puisse lever ses barbues sans recourir à l'achat.

L'unique moyen d'obtenir ce résultat est de permettre la libre circulation des *boutures* des plants exotiques ; il n'y a aucun danger à le faire ; car d'où que ce soit qu'elles viennent, jamais ces boutures, de l'avis des hommes les plus compétents, ne portent avec elles le phylloxera.

Nous demandons depuis deux ans au Conseil général de nous aider à obtenir cette autorisation. Malgré le développement progressif de l'invasion, il n'a pas cru, jusqu'à ce jour, devoir s'associer à notre initiative.

La parole est donnée à *M. Robin*, rédacteur de la *Vigne américaine*.

CONFÉRENCE DE M. ROBIN

Messieurs,

J'ai à vous entretenir des meilleures conditions d'établissement d'une vigne française greffée sur vigne américaine résistante.

C'est là, comme vous le voyez, un sujet du plus haut intérêt, puisqu'il s'agit non pas du seul moyen, mais je n'hésite pas à le dire, du seul moyen vraiment pratique pour nous de refaire les vignes que nous avons perdues.

Obligé d'être bref, aimant à l'être, je passe sous silence tout ce qui se rapporte au sol et à la préparation qu'il convient de lui donner : au reste, de ce côté, les vignes greffées n'ont aucune exigence particulière.

J'appelle cependant votre attention sur un cas spécial, rare autrefois, mais que la ruine générale de nos vignes si déplorablement accélérée par les gelées de l'hiver dernier va rendre fréquent, le cas où le propriétaire se trouve dans la presque nécessité de replanter immédiatement les mêmes terres.

Pour ces terres, je n'ai pas besoin de le dire, un bon minage, avec élimination de toutes les racines est indispensable ; mais ce minage ne suffit pas, surtout si la vigne détruite était déjà vieille et à son déclin. Il faut alors refaire la constitution du sol, c'est-à-dire le pourvoir, le réapprovisionner dans la mesure de ses besoins et même au delà des principes nutritifs spécialement nécessaires à la vigne. Et comme le fumier de ferme sera généralement insuffisant à cette restitution, nous nous adresserons aux engrais chimiques ; nous nous procurerons de l'azote sous forme de sulfate d'ammoniaque, de l'acide phosphorique sous forme de superphosphate, de la potasse sous forme de chlorure de potassium ou mieux de nitrate de potasse, de la chaux, et nous combinerons ces substances, soit seules, soit comme auxiliaires du fumier de ferme, suivant les indications de l'analyse de sol, et à défaut de cette analyse, d'après l'état dans lequel se trouvait la vigne lorsqu'elle a été envahie par le phylloxera ou tuée par la gelée. Pour le vigneron qui connait sa vigne et son terrain, les indications formées par cet état seront toujours suffisantes.

Mais quel que soit le moyen employé pour sa mise en état, qu'il ait exigé une saison seulement ou plusieurs, le terrain est prêt, et il s'agit de le planter en vignes greffées. Comment allons-nous procéder ? Planterons-nous d'abord la vigne américaine, le sujet résistant que nous grefferons une ou plusieurs années après ? Ou bien planterons-nous ce même sujet, raciné ou non, greffé, mais non soudé ? Ou bien, enfin, planterons-nous des sujets racinés, greffés et soudés ?

Tous ces moyens sont également bons, lorsqu'ils réussissent, mais si dans l'emploi des deux premiers on cite des réussites complètes, on n'est que trop peu embarrassé pour trouver chez nous et même hors de chez nous, surtout dans la greffe de souches d'un certain âge, des échecs bien plus nombreux et non moins complets.

Je n'oublierai jamais, pour ma part, qu'encouragé par de petits succès qui me paraissaient concluants, j'ai greffé en 1877 huit hectares de vignes, c'est-à-dire plus de 20,000 ceps, pour avoir 500 reprises ; je n'oublierai pas davantage, moins peut-être, parce que je me croyais encore plus certain du succès qu'ayant fait ce printemps dernier, an de grâce 1880, 5,000 greffes sur de superbes vignes américaines de six ans: Taylor, Vialla et Solonis, j'ai obtenu 40 réussites. Je suis le premier à convenir que des échecs à ce degré sont rares, très-rares même, mais il suffit qu'ils puissent arriver, et il me sont arrivés à moi, deux fois sur deux fois, pour qu'on s'abstienne de tout procédé susceptible de les donner.

Et puis, en vérité, pourquoi, pour quelle ombre de raison, mettre de suite à leur place définitive des plants qui devront successivement et en plusieurs années, d'abord reprendre, puis être greffés, deux opérations qui peuvent ne pas réussir, lorsque nous avons par la pépinière un moyen si simple, si commode de les obtenir tout faits. La pépinière ne supprimera pas certainement les échecs, mais là ils seront toujours moins graves et en tous cas ils n'affecteront pas la vigne ? C'est donc dans la pépinière que nous ferons nos plants et comme nous ne les admettrons à la plantation qu'après les avoir examinés un à un, reconnu leur bonne constitution, leur belle venue ; nous n'aurons ni manquants, ni ce qui est pire que les manquants, ces plants défectueux qui marchent mal, qui boudent, qu'on ne devrait pas hésiter à remplacer et que cependant on laisse en place uniquement parce qu'ils y sont : et ainsi nous aurons du coup dans notre plantation, cette régularité, cette uniformité si facile à maintenir quand on l'a, si difficile à obtenir quand on ne l'a pas et sans laquelle il n'y a ni belle ni bonne vigne.

Ces plants que nous allons élever en pépinière, avec quelles vignes les ferons-nous? Quelles sont celles que nous prendrons soit comme porte-greffes, soit comme greffons? Comme porte-greffes, nous choisirons les vignes résistantes qui s'adaptent parfaitement à notre région; nous exigerons qu'elles soient saines, c'est-à-dire exemptes de certaines maladies connues qui peuvent être sans danger, mais qui sont toujours inquiétantes ; nous voudrons enfin, ce qui ne sera pas inutile, l'hiver dernier ne nous l'a que trop appris, que leurs racines soient insensibles aux gelées. Les vignes qui possèdent ces qualités ne sont pas rares. Voici par ordre alphabétique les noms de quelques-unes, les meilleures à mon avis, pour notre région, j'appuie sur le mot pour notre région : Gaston Bazille, Oporto, Solonis, Vialla, York-Madeira.

Comme greffons, nous agirons en sages, en ne sortant pas des variétés que nous connaissons, et que nous cultivons depuis longtemps. C'est surtout en cette matière, croyez-en quelqu'un qui en a fait la coûteuse expérience, que le mieux qu'on va chercher au loin est l'ennemi du bien qu'on a chez soi. Nous avons d'excellents cépages, parfaitement appropriés à notre région, le Gamay d'un côté, la Sérine de l'autre, pour ne parler que des plus connus, gardons-les ; ne négligeons pas toutefois de tirer ce profit de notre malheur d'exclure de nos nouvelles vignes cette multitude de variétés médiocres ou même mauvaises qui peuplaient la plupart de nos anciennes vignes.

Je vous recommanderais bien encore, pour faire un bon plan greffé, de choisir des variétés ayant entre elles, comme on dit, de l'affinité, mais je dois vous avouer que je n'ai pas encore remarqué que cette affinité fasse défaut entre les vignes françaises et américaines dont je viens de vous parler, et qui sont à peu près les seules que j'ai expérimentées : entre toutes il y a des non reprises, mais entre toutes lorsqu'il y a reprise, union surtout par insertion et non par juxtaposition, par approche, cette union est indissoluble. Sans donc nier ni même mettre en doute la question d'affinité, je me borne à constater que pour nous elle n'existe pas.

Nos plants sont faits, nous les arrachons avec soin, nous les choisissons et nous les apportons sur le terrain.

A quelle distance allons-nous les mettre? C'est là une question que nous n'aurions pas l'embarras de nous faire, si au lieu de prendre des porte-greffes auxquels il faudra peut-être accomoder nos cultures, nous avions la précaution de les choisir accomodés eux-mêmes à ces cultures, c'est-à-dire de même croissance que les vignes auxquelles ils doivent être unis. Mais nous n'y songeons même pas, et à vrai dire, je ne crois pas que nous ayons tort. Il y a quelques années, j'appréhendais dans le rapprochement excessif de plants aussi vigoureux que le Solonis, le Vialla par exemple, une cause d'affaiblissement de leur résistance. Il me semblait qu'une souche, mal à l'aise pour se développer, serait également mal à l'aise pour résister. Les faits scientifiques et pratiques, je me plais à le dire, ont bien modifié ma manière de voir, et aujourd'hui j'incline à croire que, quel que soit le porte-greffe employé, on peut se tenir aux distances en usage, sans toutefois descendre au-dessous d'un mètre carré pour chaque cep.

La distance fixée, comment installerons-nous nos plants? Où placerons-nous la soudure? Nous la placerons juste au niveau du sol, pas dessus, mais encore moins dessous. Sous notre climat à pluies estivales, une vigne greffée dont la soudure est en terre est une vigne perdue. Voyez en effet ce qui se passe: le greffon enterré fait très rapidement des racines d'autant plus vigoureuses qu'elles sont plus près de terre, dès lors il en vit et les fait vivre exclusivement. Le porte-greffe est abandonné, il ne reçoit rien, ne donne rien, ne fonctionne plus et meurt. Puis, bien entendu, survient l'inévitable phylloxera qui détruit les racines du greffon et celui-ci ne tarde pas de mourir à son tour. Il est donc de la plus haute importance d'emplacer le sujet de telle façon que le greffon ne puisse pas même tenter de s'affranchir. C'est pour ne pas avoir pris ce soin que quelques viticulteurs ont déjà perdu des vignes greffées mettant bien à tort au compte d'un prétendu défaut d'affinité ce qui est l'effet inévitable de l'affranchissement: j'aurais eu moi-même un semblable désagrément pour 5 à 600 pieds, si je ne les avais fait arracher ou simplement soulever à temps; les greffons qui, cependant, n'étaient pas enterrés de plus de

5 à 6 centimètres, émettaient incessamment des racines énormes et grossissaient énormément eux-mêmes pendant que les porte-greffes restaient stationnaires et me paraissaient même maigrir. Aujourd'hui que la soudure est placée où il faut, tout va bien.

La position du greffon entier hors de terre, position nécessaire, l'expose à un grand danger, celui d'être tué par les gelées d'hiver. Pour éviter un accident aussi grave, là où il est à craindre, dans les plaines surtout, il conviendra de butter les souches. Il y a bien un moyen d'empêcher le greffon de geler même sans buttage, mais pour cela il faut le placer à une hauteur telle que ce moyen est absolument inapplicable aux vignes et treilles basses, c'est-à-dire à toutes les vignes à peu près. Il est de remarque (c'est du moins ce que j'ai observé chez moi d'après les grandes gelées de 1870 et 1871, par un froid de 24°, avec neige) que c'est au niveau de la neige que gèle le bois de la vigne; au-dessous il n'est pas atteint, au-dessus très-peu, au-dessus il ne l'est pas davantage; et si tout meurt au-dessus, c'est parce que les voies de communication de la sève sont coupées au point gelé. Or, comme certaines vignes américaines se montrent, dit-on, absolument insensibles à nos froids les plus rigoureux, même avec neige, il suffirait de placer le greffon sur ces vignes à une hauteur où la neige n'arrive pas.

La production de ces plants à haute tige ne présente pas de difficultés: vous prenez une longue bouture que vous greffez, vous la plantez en pépinière à 30 ou 35 centimètres de profondeur et vous couchez le reste dans une rigole que vous recouvrez, ayant soin surtout, pour indiquer la place du greffon, d'en faire tant soit peu émerger le bout. Le plant s'enracine, se soude, et vous n'avez qu'à le redresser à sa mise en place définitive. Ce moyen ne m'appartient pas, il m'a été indiqué par un éminent viticulteur de l'Hérault, M. Prades, à qui il a parfaitement réussi. Il rappelle au reste le procédé Gaillard, par le couchage horizontal et superficiel d'une partie du sujet.

Un autre point très important dans l'établissement des vignes greffées, c'est l'unité du porte-greffe et aussi l'unité du greffon.

Pourquoi un porte-greffe unique? Parce que les vignes américaines ont entre elles de grandes différences de développement et par conséquent d'appétit, et qu'il ne faut pas mettre le faible à côté du fort si l'on veut avoir le règne de l'égalité indispensable dans les vignes. Pourquoi un greffon unique? Parce que nos vignes françaises sont comme les américaines très-diverses entre elles et qu'il ne suffit pas de leur donner un seul et même porte-greffe pour faire cesser cette diversité. Chacune conserve parfaitement la tenue, l'allure qui lui est propre. Greffez par exemple des Gamay et des Sérine sur Vialla: Gamay et Sérine se développeront mieux que francs, mais ils présenteront toujours entre eux la même différence de développement que s'ils n'étaient pas greffés. Or, l'extension des racines d'un cep, leurs exigences se produisant en raison directe de la végétation extérieure, il arriverait fatalement que le Vialla Sérine finirait par affamer le Vialla Gamay.

Je n'ai pas besoin de faire remarquer que la nécessité de l'unité de greffon et de porte-greffon ne s'oppose nullement à la culture d'autant de variétés qu'on voudra dans une même vigne: seulement, au lieu de les mélanger il faudra les séparer.

Voilà, je crois, notre vigne greffée établie dans les meilleures conditions. Que peut-il arriver maintenant? Il peut arriver que nous voulions changer nos variétés, d'où regreffage Il peut encore arriver que des ceps s'affaiblissent, périssent même, d'où remplacement et provignage. Lorsque la vigne est jeune, son pied pas trop fort, le regreffage se fait très bien, le greffon se soude, et fait corps avec toute la superficie de la section. Mais il n'en est plus ainsi lorsque la souche a atteint une certaine grosseur, le greffon se soude bien encore, mais seulement avec la partie de la section qui l'avoisine; sur le reste il s'étend, il s'assied, mais sans se lier. Y a-t-il là un sujet d'inquiétude pour l'avenir du cep greffé? Je ne le pense pas; ce cep se fortifie seulement du côté de la soudure, de l'autre côté il fera ce que font tous les ceps que nous mutilons si souvent avec les instruments de travail: il s'arrangera de son mieux, restera peut être un peu déformé, mais ne sera pas moins productif pour cela. Cependant, si l'on tient à avoir un cep parfaitement déformé, il n'y aura qu'à le receper à 12 ou 15 centimètres en terre et à le regreffer l'année suivante sur quelques-uns de ses plus beaux sarments, sauf à ne laisser que celui sur lequel la greffe aura le mieux réussi.

Quant aux ceps morts ou affaiblis, comment les remplacerons-nous? le premier moyen qui se présente à l'esprit, et peut-être le meilleur, c'est de mettre à la place de beaux plants, bien constitués, bien enracinés. Faites une bonne fosse, ameublissez profondément le sol, et fumez largement. Vous obtiendrez ainsi d'excellents résultats: j'ai remplacé l'année dernière, dans une vieille vigne, mille souches, disséminées un peu partout, par mille York-Madeira: ces York n'ont pas l'air de se douter de l'existence de leurs vigoureux voisins, ils se comportent admirablement et après 18 mois de plantation, ils présentent l'aspect de plants de trois à quatre ans. Un autre moyen de remplacement, c'est de prendre le sarment d'une souche voisine, sarment français puisque nous sommes dans une vigne greffée, de l'amener au fond de la fosse de la greffe sur ce point avec une bouture américaine et de greffer cette bouture à sa sortie de terre, avec un greffon français. Ce moyen vaut tout autant que le précédent si l'on réussit, ce qui peut arriver, mais ce qui peut aussi ne pas arriver.

A côté de ces deux modes de remplacement, il y en a un autre très pratiqué dans beaucoup de vignobles, notamment dans ceux des Côtes du Rhône et qui consiste à abaisser, à coucher la vieille souche entière dans une large fosse, au fond de laquelle on étale ses sarments jusqu'aux points où ils doivent former de nouvelles souches. Cette opération à laquelle seule on donne ici le nom de provignage, pourra-t-elle se faire dans les vignes greffées? Beaucoup d'auteurs, je le sais, beaucoup de viticulteurs, et des plus autorisés, rejettent ce provignage d'une manière absolue : pour eux, c'est la torture appliquée aux souches, c'est le désordre jeté dans les vignes, etc, mais à côté d'eux il y a, je le sais aussi, d'autres viticulteurs très intelligents, notamment ceux de l'Hermitage et de Côte-Rôtie qui le jugent tout autrement, qui le pratiquent depuis des siècles, qui le considèrent comme une condition essentielle de la bonne tenue et du bon rapport de leurs vignes et qui objectent précisément aux vignes greffées comme un défaut capital, de ne pouvoir se prêter à ce mode de renouvellement : je n'ai pas à apprécier le provignage, quoique je le pratique et que je m'en trouve bien : j'aime mieux offrir tout simplement à ces excellents viticulteurs le moyen de provigner les vignes greffées et leur montrer ainsi que l'emploi de ces vignes est parfaitement compatible avec une opération à laquelle, à tort ou à raison, ils attachent une très grande importance.

Qu'est-ce donc qui empêche de provigner une vigne greffée? C'est sa tête qui est française? eh bien! coupons cette tête! Le porte-greffe ainsi décapité, dégreffé, vous donnera, surtout si vous l'activez avec un peu d'engrais, de magnifiques sarments résistants, et dès lors vous pourrez pratiquer le provignage absolument comme autrefois, l'employer dans les mêmes cas, et en obtenir les mêmes résultats. Seulement, comme nous sommes en vigne greffée, et que nous avons ôté sa tête française à la souche mère, nous aurons à la rendre à toute sa progéniture.

J'ai fini. Je vous ai exposé en quelques mots, plus que suffisants pour des viticulteurs, les conditions, les meilleures je crois, dans lesquelles il convient d'établir une vigne greffée. Observez-les et vous verrez, mes chers confrères, que vos nouvelles vignes ne vous feront pas regretter les anciennes : les anciennes vous donnaient de beaux produits; les nouvelles vous en donneront de plus beaux encore et cela précisément parce que ce seront des vignes greffées.

M. le président donne la parole à M. Champin, membre du Conseil général de la Drôme, pour traiter des moyens de multiplier la vigne par le semis, le bouturage, le marcottage, et la greffe.

CONFÉRENCE DE M. CHAMPIN

Le semis, dit M. Champin, doit être réservé soit pour des expériences scientifiques, soit pour les régions viticoles dans lesquelles l'introduction des boutures de vignes résistantes provenant des pays contaminés n'est pas permise. Hors de là il doit être rejeté, car il est un moyen trop incertain de reproduction.

Lorsqu'on sème un pépin on obtient une vigne, mais on n'est pas toujours assuré d'avoir des raisins et d'un autre côté, si surtout on a affaire à une espèce cultivée déjà hybridée des centaines de fois, il peut se faire que les plants de semis présentent les caractères de trois ou quatre de leurs aïeux. Les seules vignes qui transmettent avec une certitude absolue leurs formes ainsi que leurs qualités de résistance à leurs descendants sont les types originaux tels que les *V. Riparia, Cordifolia, Æstivalis, Rupertris Candicam,* etc ; ce sont les graines de ces espèces qui doivent être employées pour le semis, de préférence à toutes les autres.

Les pépins sont mis à stratifier vers la fin de février dans du sable légèrement humide, afin de pouvoir les semer en pleine terre un mois plus tard. Les soins d'entretien se bornent à des sarclages, binages, bassinages qui se font de la même manière que pour les semis ordinaires de l'horticulture.

Dans la plupart des cas on emploie deux autres moyens par lesquels on est assuré de la continuation de la vie de la plante mère ; ce sont le bouturage et le marcottage. Pour le bouturage il ne faut choisir les sarments que sur des souches saines et vigoureuses: mais jusqu'à présent le bois des vignes américaines étant encore assez rare on prend tout ou presque tout pour planter à demeure ou en pépinière.

Lorsqu'on a affaire à des variétés qui s'enracinent difficilement, telles que celles du groupe des Æstivalis, on peut s'y prendre de diverses manières pour en assurer la reprise : 1° on met les boutures à stratifier en les renversant afin que la sève se porte sur l'extrémité inférieure pendant la période de préparation ; 2° on en tire une portion d'écorce à la base des boutures ; 3° si celles-ci sont courtes on peut leur ajouter une racine inférieure par la greffe à cheval, ou latérale par la greffe Millardet.

Les deux premiers procédés sont les plus généralement employés, et on donne à toutes ces boutures les mêmes soins qu'à celles qu'on a pu mettre en pépinière sans préparation préalable, à cause de leur facilité d'enracinement.

Il arrive quelquefois qu'on a à multiplier une espèce rare très difficile à faire enraciner au moyen de simples boutures, le Cynthiana, par exemple ; dans ce cas, et lorsqu'on a d'abord des souches, c'est le marcottage qu'il faut employer. Pour cela on garde les branches basses, on les couche sans les recouvrir au fond d'un fossé de 0m10 de profondeur et on les arrête par de petits crochets ou piquets. La pluie facilitera plus tard le recouvrement du sarment sans gêner en rien le développement des bourgeons.

En mai, le plant émet des rameaux herbacés en dessus et des racines en dessous, de sorte qu'on pourra profiter d'un binage pour niveler le terrain. Si on couvrait totalement le sarment au moment de sa mise en terre, les yeux ne donneraient que des racines et, au lieu de plants, on n'aurait que des mérithalles enracinés, propres seulement au greffage.

Le greffage de la vigne n'a pris une grande extension que depuis qu'il a fallu mettre nos vignobles à l'abri du fléau et c'est parce que nos variétés françaises sont très bonnes et qu'elles sont le fruit de longs travaux qu'il est de notre devoir de les conserver.

Une des greffes les plus simples est la greffe par approche. Elle est d'un emploi restreint, mais elle peut cependant rendre de grands services pour l'entretien des vignes, car en couchant une branche française près d'un plant résistant, on peut gagner une année, grâce à l'époque tardive à laquelle cette greffe peut encore être pratiquée. Les boutures greffées simplifient ce travail dans la plupart des cas.

La greffe bouture peut servir pour utiliser le restant de vigueur d'une vieille vigne française et on en a obtenu d'excellents résultats dans le midi et en Savoie, pour la multiplication rapide du bois résistant. La souche est coupée assez profondément en terre, fendue, et une bouture, taillée en lame de couteau vers son milieu, est insérée obliquement dans la fente. Le tout est lié, mastiqué et butté.

On ne pourrait rétablir ainsi un vignoble attaqué, car on a un mauvais sujet, un sol pestiféré, épuisé, non défoncé ; mais pourvu que la vigne y dure trois ou quatre années, cela suffit pour payer largement les frais.

La greffe en fente transversale sur pieds résistants peut donner de bons résultats, cependant M. Champin n'estime pas beaucoup la fente pour les souches à demeure, car il reste un vide lorsqu'on a placé le greffon, et la carie peut s'y mettre ; il préfère les fentes et surtout les entailles latérales qui endommagent moins le sujet.

Un procédé qui consiste à donner plus de points de contact et surtout plus de solidité à la greffe, est la modification apportée par M. Champin dans l'exécution de la greffe anglaise et à laquelle on a donné son nom. La greffe Champin présente six surfaces sur lesquelles l'adhérence des libers peut être parfaite, et avec elle, on arrive parfois jusqu'à une reprise de 100 %.

La première année le point greffé doit être recouvert de quatre à cinq centimètres de terre ou de sable, ce qui vaut mieux. L'affranchissement du greffon doit être évité avec soin car, dans la période de reprise, il peut amener le décollement complet et par suite, la perte de la greffe.

La greffe à triple fente, est encore meilleure et quoiqu'on n'en puisse faire que quatre contre cinq de la précédente, M. Champin compte l'employer aussi exclusivement que possible. Dans cette greffe il y a huit surfaces en contact au lieu de six, et, ce qui fait surtout sa supériorité, c'est que le greffon français est emprisonné dans le sujet résistant, de sorte qu'il n'y a plus à s'inquiéter de l'affranchissement. Cette greffe est en outre si solide, qu'il n'est presque pas besoin de ligature et qu'en tout cas deux tours de spire suffisent parfaitement.

Lorsqu'à une époque tardive, on veut obtenir un plant français greffé sur américain raciné, on peut se servir d'une branche provenant d'une souche indigène en la couchant comme si on voulait la marcotter. A son extrémité on greffe la bouture résistante, on recouvre sans se préoccuper de l'affranchissement et on greffe ensuite la vigne française à la manière ordinaire. M. Champin a appliqué cette année ce système avec succès sur un rameau herbacé et il pense qu'on pourra en faire usage pour l'entretien des vignes.

Au moyen de tableaux représentant les divers genres de greffes, M. Champin complète la description sommaire qu'il vient d'en faire et termine en montrant de beaux échantillons de marcottes et de greffes obtenues par les procédés qu'il a indiqués.

M. Desjardins, secrétaire de la Commission Centrale du Phylloxera dans le Gard prend la parole sur l'invitation de M. le Président :

CONFÉRENCE DE M. DESJARDINS

Messieurs,

Appelé à l'honneur de vous exposer la situation du département du Gard, si cruellement envahi par le Phylloxera, je vous demande la permission de m'inspirer surtout d'un rapport que je viens d'adresser à M. le Ministre de l'agriculture, qui a bien voulu en ordonner l'impression.

Comme vous le savez, Messieurs, le Gard était un des sept départements viticoles de France les plus productifs ; ses vins de Tavel, Lédenon, Chusclan, Codolet, Lirac, Roquemaure, Langlade et autres, étaient très-appréciés pour la table ; la Costière et Saint-Gilles fournissaient d'excellents vins de coupage, les Garrigues des vins légers et alcooliques et la Plaine des quantités très considérables.

La production, en vin, dans le département s'était élevée de 1.088.121 h. (un million quatre-vingt-huit mille cent vingt-un hectolitres) moyenne de dix années, de 1850 à 1860; à 2.445.000 h. (deux millions quatre cent quarante-cinq mille hectolitres), en 1865, époque de l'invasion du phylloxera.

En 1879, la récolte n'a plus été que de 139.640 hect. (cent trente-neuf mille six cent quarante hectolitres.

Ce qui constitue une perte de 2. 305. 360 hect. (deux millons trois cent cinq mille trois cent soixante hectolitres).

En face de ces désastres, nos populations viticoles ne se sont pas laissé abattre, et dès l'apparition du mal (en 1863, chez M. de Penanrum, à Pujaut) de nombreuses expériences furent faites; mais en dépit des efforts tentés le phylloxera continua son œuvre ; et, en 1868, les communes de Remoulins, Jonquières, Redessau, Manduel, Marguerittes, Saint-Césaire, Calvisson, Langlade, étaient attaquées sinon détruites. Enfin en 1870, la plaine de Nimes fut atteinte, et le vignoble du département tout entier ne tarda pas à dépérir.

C'est à ce moment que furent prônés tour à tour, à côté de certains agents chimiques, une quantité de remèdes plus ou moins empiriques, que nos agriculteurs affolés par la disparition presque complète de leurs vignobles n'hésitèrent pas à employer ».

Je passe sous silence la création de la Commission d'étude et de vigilance, la première en France, créée en 1876 par M. le Préfet du Gard, ses essais, ses premiers rapports et j'arrive à ces constatations officielles et effrayantes que la Commission transmettait en 1879-1880 à M. le Ministre :

La valeur des vignobles du Gard a donc diminué de 329.573.866 fr. depuis l'invasion du phylloxera ; recherchons à présent le chiffre annuel des pertes en revenu net, qui n'a pu figurer dans le tableau précédent.

Notre comparaison portera sur les deux années 1865 et 1879. Le nombre d'hectolitres de vin récolté pendant la 1re de ces deux années a atteint dans le Gard, le chiffre de 2.445.000 hectolitres, dont le prix de vente moyen a été de 15 fr., ce qui nous donne un revenu brut de 36.675.000 fr. soit un revenu net de 22.000.000 fr. environ.

En 1879, la récolte n'a plus été que de 139.640 hect. dont le prix de vente moyen (car la rareté des vins en a augmenté la valeur) s'est élevé à 25 francs, ce qui nous donne un revenu brut de 3.491.000 francs, ou un revenu net de 2.094.600 francs.

Notre pauvre département subit donc, du chef seul de la vigne, une perte annuelle de revenu de 20.000.000 de francs.

Ce rapport ou plutôt ces résultats étaient résumés dans un

tableau que vous trouverez dans le volume dont je parle (1), et la Commission ajoutait :

L'on voit tout d'abord que les succès ne se sont jamais démentis dans les terrains sablonneux ou submergés, mais qu'il n'en a pas été de même pour les insecticides et les plantations en cépages américains.

En effet, alors que, dans les colonnes des terrains submergés ou sablonneux, les chiffres 3 et 4 dont la signification respective est bon et très-bon figurent seuls ; dans toutes les autres colonnes, notamment dans celle des cépages américains, les résultats ont été on ne peut plus variables, puisqu'ils ont tenu tous les dégrés de l'échelle entre 0 et 4 (très-mauvais et très-bon).

Devant ces affirmations contradictoires, la Commission a pensé qu'il serait bon de faire une étude approfondie de tous les résultats obtenus, d'examiner un á un tous les phénomènes signalés, de mettre en lumière les succès comme les revers, et de chercher à en dégager la vérité. Sur la proposition de la Commission, une Circulaire ministérielle, en date du 17 Juillet 1879, décida l'enquête obligatoire dans la généralité des Communes phylloxérées. M. le Préfet nous vint en aide en insérant un questionnaire dans le Recueil des Actes administratifs.

Une fois nantis des réponses à ce questionnaire ministériel, nous nous sommes empressés d'adresser à tous les propriétaires dont les noms nous étaient fournis par MM. les Maires une lettre particulière dans laquelle, faisant appel à leur obligeance, et leur signalant l'intérêt général qui s'attache à la parfaite connaissance des résultats obtenus, nous leur demandions des détails précis sur les essais auxquels ils s'étaient livrés.

Nous n'avons eu qu'à nous louer de ce travail, car plus de 150 propriétaires du département ont bien voulu, dans de fort intéressantes réponses, dont quelques-unes n'ont pas moins de huit pages, nous mettre au courant de toutes leurs tentatives, de tous leurs échecs comme de tous leurs succès.

---

(1) Le rapport à M. le ministre dont il est question a été imprimé à Nîmes chez Clavel-Ballivet et Cᵉ, rue Pradier, 12.

A côté des personnes qui ont répondu par écrit, nous ne devons pas passer sous silence celles qui se sont donné la peine de nous faire connaître verbalement les résultats de leurs expériences. Tous ces renseignements nous les avons complétés par nos observations personnelles sur un très grand nombre de points du département. Voici, en peu de mots, à quelles conclusions nous sommes arrivés :

Ce mode de conservation des vignes attaquées, ou de reconstitution par la plantation des vignes françaises dans les terrains submersibles, est en honneur et mérite de l'être dans une vingtaine de communes du Gard, et si, *cinq cent trente-cinq hectares* seulement sont à l'heure qu'il est traités par ce *spécifique*, il est certain que, d'année en année, les superficies submergées prendront une importance plus grande.

Rien n'est en effet aussi concluant que les bonnes réussites obtenues sur les rives du canal de Beaucaire, du Vidourle ou du Gardon, par MM. Castelnau, Destremx, Martin, G. Médar, Pascal, Trouchaud, Valz et autres, qui ont opéré depuis plusieurs années sur des étendues considérables.

« La cause est entendue, le procès est définitivement gagné » comme me l'écrit dans une intéressante communication, M. Valz, l'honorable président de la Chambre consultative d'agriculture.

Après quatre submersions, une vigne de 90 ans presque morte du phylloxera, a retrouvé chez cet actif et intelligent propriétaire toute la vigueur de sa jeunesse, et il ne croit pas qu'en aucun temps elle ait donné plus de fruit qu'en 1879 et qu'elle n'en promet pour la prochaine récolte, c'est-à-dire 200 hectolitres environ à l'hectare.

Aussi la modeste commune de Saint-Laurent-d'Aigouze suivant cette précieuse initiative, comptera bientôt plus de 240 hectares traités par cette méthode.

Sur tous les points du département, à Alais entre autres, les magnifiques résultats obtenus sont aussi de nature à nous encourager dans l'application de ce procédé.

Malheureusement, notre pauvre département, si sujet à la sécheresse, ne compte que quelques cours d'eau, quelques rares canaux et quelques sources souvent inutilisées, et il est à craindre que ce moyen de reconstitution, qui assurerait pourtant d'une manière certaine l'accroissement de notre richesse nationale ne puisse être employé que sur de bien faibles étendues.

En conséquence, nous avons sollicité de Monsieur le Ministre, sa haute intervention pour assurer l'établissement d'un canal qui, détournant les eaux du Rhône au profit des intérêts agricoles de notre région si éprouvée, faciliterait et multiplierait les moyens de submersion.

Indépendamment de ce canal dont l'urgence n'a plus besoin d'être établie, il faudrait que dès aujourd'hui tous les cours d'eau de quelque importance pussent être utilisés, et que MM. les ingénieurs du service hydraulique reçussent mandat, ainsi qu'on l'a fait pour le drainage, de dresser des projets à peu près complets pour les propriétaires hors d'état de remplir eux-mêmes cette tâche difficile, ce qui aplanissant les premières difficultés d'exécution, encouragerait l'emploi de ce moyen réparateur.

Et nous pouvons dire, comme application pratique du procédé, qu'il faut :

1° Choisir pour la submersion un terrain ou une vigne déjà plantée dont le sous-sol soit imperméable, le niveler autant que possible et l'entourer de bourrelets assez élevés, pour que les points les plus culminants du sol puissent être recouverts d'une tranche d'eau de 25 centimètres ;

2° Introduire dans la vigne, immédiatement après l'arrêt complet de la végétation, l'eau nécessaire pour que le sol tout entier soit recouvert d'une tranche d'eau de 25 à 30 centimètres, et maintenir l'eau à ce niveau d'une manière permanente pendant 45 jours environ,

3° Attendre, pour faire la taille, pour donner la première culture et répandre les fumiers ordinaires et potassiques, que la terre soit parfaitement ressuyée.

Nous croyons inutile de nous étendre longuement sur la valeur de ce procédé, car la résistance des vignes françaises au phylloxera dans les terrains sablonneux n'est plus à démontrer;

les faits sont là, et la production actuelle de 70 hectolitres à l'hectare, en moyenne, parle plus éloquemment que nous ne pourrions le faire. Mais le département du Gard ne compte encore en 1880 que 4,000 hectares environ de vignes appartenant à cette catégorie.

A coté des sols que nous venons de signaler, le Gard possède dans une cinquantaine de communes des terrains plus ou moins sablonneux, dans lesquels la proportion de silice est moindre, les éléments moins ténus et moins mobiles, et dans lesquels nos anciens cépages, quoique atteints, résistent encore, mais d'une manière imparfaite.

Disons encore que, comme application pratique du procédé, il faut:

1° Ne faire la plantation qu'après s'être assuré que le sol contient 60 °/₀ au moins de sable pur, ténu et mobile, sur une épaisseur minimum de 60 centimètres;

2° Procéder à la plantation ainsi qu'on le faisait avant l'invasion du phylloxera (défoncement et nivellement);

3° Se bien garder de modifier la nature du sol par l'apport de terres et n'employer d'autres engrais que celui de ferme, bien consommé, ou des fumiers pulvérulents.

J'arrive enfin aux *insecticides recommandables*, c'est-à-dire les *Sulfo-Carbonates* et le *Sulfure de Carbone*.

Ici, Messieurs, j'entrerai dans bien moins de détails que dans le rapport que j'analyse; car vous avez eu la bonne fortune d'entendre, sur les Sulfo-carbonates, M. Mouillefert qui s'est voué avec une si grande énergie à la propagation de ce procédé. Sa très intéressante conférence ne vous a pas laissé ignorer la nécessité d'avoir en abondance l'eau nécessaire au traitement; il ne vous a pas caché non plus son prix de revient relativement élevé, 300 à 500 fr. par hectare, prix de revient qui n'a pas peu contribué à le faire abandonner après quelques tentatives.

Arrivons donc au Sulfure de carbone:

Ici encore, nous avons été assez heureux pour entendre, hier et avant hier, MM. Oliver, Jaussand, d^r Crolas, et tant d'autres plus autorisés que moi. Je ne puis que vous faire connaître les conclusions de la Commission Centrale du Gard, exposées dans le rapport dont je parle :

Devant ces résultats, *devons-nous préconiser l'emploi du sulfure de carbone dans la généralité des vignobles du département?*

Telle n'est pas notre opinion, et après avoir reconnu et affirmé hautement l'efficacité incontestable de cet insecticide, nous n'estimons pas que, sauf dans quelques cas particuliers, il puisse entrer encore dans la pratique.

En effet, si prenant d'un côté le prix de revient du traitement indiqué par la Compagnie P.-L.-M., de l'autre celui des viticulteurs qui, depuis quelques années, se sont livrés à des traitements suivis, nous arrivons en faisant entrer en ligne de compte toutes les avances nécessaires, au chiffre minimum de 500 francs par hectare, pour un revenu que les circonstances atmosphériques peuvent encore enlever. Dans la *plupart des terrains* du Gard, le rendement est en moyenne de 30 hectolitres, et le prix du vin de 20 francs ; il faudrait donc une bonne récolte pour pouvoir encaisser une somme de 600 francs, alors que les avances auraient été les 5/6 du revenu obtenu.

Toutefois, comme nous le faisions pressentir tout à l'heure, ce qui est vrai pour la généralité des terrains n'est pas applicable à quelques sols privilégiés dont les produits atteignent, soit grâce à leur fécondité, soit grâce à la renommée parfaitement établie, une probabilité de revenu considérable.

Aussi croyons-nous que, *dans les terrains à rendement supérieur à 60 hectolitres par hectare, le sulfure de carbone peut être utilement employé*, comme aussi dans les crûs particulièrement renommés, et qu'il serait même à désirer que les propriétaires de ces terrains déterminés se décidassent à replanter nos anciens cépages, dans l'intention de les sulfurer, le jour où ils constateront la présence de l'insecte.

Une autre utilité très-grande du sulfure de carbone, c'est de permettre de lutter avec avantage contre les réinvasions estivales des vignes ou des parties de vignes mal submergées. Là, le coût du traitement ne peut pas être considérable, puisqu'il ne s'applique que sur de petites étendues.

En résumé, le sulfure de carbone est, de tous les insecticides, celui qui donne les résultats les plus affirmatifs ; mais il n'est utilement applicable dans le département du Gard qu'aux terrains facilement perméables au pal. où la diffusion des vapeurs sulfo-carboniques ne risque pas d'être entravée par la nature argileuse ou sablonneuse du sol, et dont le grand rendement peut permettre une avance de fonds considérable.

J'ajoute qu'en dehors des insecticides dont je viens de parler, il a été fait depuis quelques temps usage dans le Gard (sur 24 hectares environ) de plusieurs procédés nouveaux dont les résultats, peu concluants jusqu'à présent, ne sont pas de nature a être mentionnés devant vous.

Il nous reste, Messieurs, à vous entretenir des vignes américaines, et bien que vous soyez déjà fixé sur leur valeur, nous croyons devoir insister d'une manière toute particulière sur ce moyen de reconstitution; car c'est le seul qui puisse être appliqué d'une manière pratique dans la généralité des terrains du département du Gard.

En effet, si nous recherchons le nombre d'hectares qui peuvent être plantés dans des sols parfaitement sablonneux ou soumis à la submersion, ou dans lesquels les insecticides coûteux pourraient être utilement employés, nous arrivons à peine au chiffre de 30.000 hectares; or, le Gard ayant perdu 97.000 hectares, les procédés efficaces énumérés dans les chapitres précédents ne pourront, en admettant qu'ils continuent tous à nous donner satisfaction, réparer au maximum que le tiers à peine de nos désastres.

Les vignes américaines restent donc le seul procédé de reconstitution qui puisse être employé, d'après les données actuelles, dans 60.000 hectares du département du Gard.

Il est une autre considération qui a une importance plus capitale encore c'est que, dans la plupart de ces 60.000 hectares où ne peuvent être appliqués les procédés ci-dessus, toutes les cultures en dehors de celle de la vigne sont ou impossibles ou si peu rémunératives qu'elles ont été abandonnées sur plusieurs points du département.

Malheureusement, bien que les vignes américaines nous

promettent une solution prochaine, beaucoup de propriétaires hésitent encore à les employer, car des échecs inévitables sont venus entraver leurs efforts et décourager ceux qui n'ont pas eu la bonne fortune de planter dès le principe les cépages qui convenaient à leur sol.

Nous pouvons affirmer ceci, et puissions-nous convaincre les réfractaires! les vignes américaines ont aujourd'hui prouvé leur résistance dans le Gard. Mais, si d'une manière absolue, la résistance des plants américains au phylloxera n'est plus à démontrer, il reste encore un champ très vaste ouvert aux observations; c'est la constatation des milieux qui sont favorables ou néfastes à la végétation des cépages exotiques.

Cette question d'adaptation aux terrains et à l'exposition est de la plus haute importance, et, comme le dit M. Champin, dans son beau traité des greffages de la vigne: « à quoi servirait, en effet, un cépage résistant au phylloxera, s'il ne pouvait vivre et prospérer même sans phylloxera dans les sols et les climats où l'on veut s'en servir? »

Malheureusement, comme le disait au congrès de Montpellier M. Vialla, l'honorable président de la Société centrale d'agriculture de l'Hérault, « cette question est très difficile, et demandera beaucoup de temps pour être résolue ».

En effet, de même que l'expérience nous a éclairés sur la résistance, de même aussi l'expérience, seule, nous apprendra dans quel sol tel cépage doit être planté pour y donner entière satisfaction.

Frappée de l'importance de cette grave question, la commission centrale du Gard a demandé par écrit des renseignements à tous les propriétaires qui ont commencé cette étude si éminemment utile, 698 observations nous ont été communiquées; elles indiquent la végétation des 12 variétés de cépages américains les plus répandues dans les 21 terrains principaux du département. Pour présenter sous une forme saisissante, le plus de renseignements possibles et permettre aux agriculteurs, même les plus illettrés, de puiser dans ce travail des enseignements utiles, la commission a joint au rapport un graphique ou tableau synoptique sur les bases que voici. Ce tableau (1) est joint au Rapport à M. le Ministre; nous avons pris, comme entête de chaque colonne, la désignation des 21 terrains principaux dont j'ai parlé; puis dans la première colonne à gauche, nous avons inscrit les noms et la description sommaire des 12 cépages, objets des remarques.

En entendant les orateurs qui m'ont précédé, je me suis aperçu que malheureusement, sous votre latitude lyonnaise, la plupart de ces variétés, telles que le Concord, le Cunningham, l'Herbemont, le Jacquez, la Cynthiana, etc. ne présentent pour vous qu'un intérêt de simple curiosité, tandis que ce ne sont pas les moins utiles à étudier dans la zône méditerranéenne. Il en est d'autres, toutefois, tels que le Clinton, le Taylor et plus particulièrement les Riparias, le Vialla, le Blue-dyer qui sont aussi importants pour vous que pour nous, habitants du midi.

Je reviens à notre tableau :

Une colonne suivante est intitulée végétation des cépages, avec l'indication : *excellente, bonne, assez bonne, passable, médiocre, mauvaise, très mauvaise et nulle.*

Ces qualifications correspondent, dans la colonne suivante, à des numéros de 20 à 0; le chiffre 20 étant en regard de végétation excellente, et le chiffre 0 en regard de végétation nulle.

Alors, dans les 21 colonnes des 21 terrains, objets des remarques, nous nous sommes servis du système des courbes ou échelles employées par les compagnies industrielles et plus spécialement par les auteurs des mercuriales officielles pour rendre saisissables au premier coup d'œil les fluctuations du prix des denrées.

Eh bien! Messieurs, je vois dans ce tableau que, si le Clinton atteint le chiffre 20, c'est à dire *végétation excellente*, dans une douzaine de terrains, il y en a davantage où il flotte entre 17 et 5 (*de bonne à mauvaise*), et enfin que dans 2 colonnes : *terrain argilo-calcaire* et *terrain sec*, il varie de végétation *excellente* à végétation *nulle*. J'oubliais de vous dire que dans chaque terrain

(1) Voir le rapport imprimé chez Clavel, Bollivet et Cie.

la courbe est indiquée pour trois âges différents des sujets, et que tel cépage, qui se comporte bien jusqu'à 3 ans (courbe arrêtée sur la ligne n° 1) peut se comporter mieux ou plus mal de 3 a 5 ans (ligne n° 2) ou de 5 à 7 ans (ligne n° 3).

Je vois que le Concord atteint rarement le coefficient 20, bien souvent le coefficient 0, et varie plus souvent encore entre ces deux extrêmes. Le Cunningham au contraire, constamment aux coefficients de 20 à 16, ne descend qu'une fois à 11 et tout le temps varie seulement de 20 à 16. Il en est à peu près de même du Jacquez. Les Nortons Virginix et le Cynthiana, bien que d'une végétation généralement moins satisfaisante, se comportent cependant *passablement*.

J'arrive enfin aux *cépages porte-greffes*, qui seuls vous intéressent, et je vois que les Riparias atteignent bien souvent le coefficient 20, ne descendent qu'une fois à 16 et une fois à 9 (terrain sec) mais se tiennent constamment entre 20 et 15.

Le Taylor se comporte également assez bien. Enfin le Vialla, le Franklin, le Blue-Dyer ont des indications encore meilleures que le Riparia, puisqu'ils ne varient que de 20 à 17 (végétation excellente ou bonne); ils ne descendent qu'une seule fois au coefficient 5, indiqué pour les tout jeunes cépages, dans le terrain argileux.

Voilà, Messieurs, le point principal et peut-être le plus intéressant pour vous de notre Rapport. Disons encore qu'il contient, à la suite de ce tableau des renseignements plus étendus sur tous les cépages américains plantés dans le Gard, notamment le York-Madeira, le Rulander, etc, et enfin un des porte-greffes qui vous a été si chaudement recommandé, le Solonis. Je lis en effet, à la page 47, qu'il existe dans les Riparia, à côté de nombreuses variétés récemment déterminées, mais pas encore expérimentées d'une manière suffisante, deux groupes très-distincts : les Riparia glabres (dépourvus de poils) et le Riparia tomenteux (poilus). Si nos observations ne nous trompent pas, les premiers se comporteront bien dans les sols secs, les seconds dans les sols frais.

Il est enfin un autre Riparia parfaitement déterminé, à port érigé, à feuilles d'un vert grisâtre, très-découpées : le Solonis, qui paraît se comporter particulièrement bien dans les sols argileux, profonds et riches, dans lesquels, excellent porte-greffe, il ne demandera aucune fumure.

Je crois vous avoir donné les indications suffisantes pour bien comprendre le travail de la Commission Centrale du Gard. Me permettrez-vous de vous dire encore, au nom de mes compatriotes, que notre intention a été d'abord d'éviter, dans la mesure des connaissances dont nous disposons aujourd'hui, de nouvelles écoles aux propriétaires ; ensuite et surtout, de poser un premier jalon en indiquant la marche qui nous parait la meilleure à suivre dans les études complexes de l'adaptation.

D'autres viendront ensuite, nous en avons le ferme espoir, qui, avec plus de ressources techniques et à l'aide d'observations plus répétées, rendront la lumière plus éclatante encore ; notre seule ambition est d'avoir indiqué une méthode expérimentale et pratique, qui nous amènera sûrement un jour à la certitude absolue. En terminant, j'émettrai ce vœu : c'est que la Société de Viticulture de Lyon qui vient de nous faire assister à ce beau Congrès prenne la tête, dans votre région, d'un mouvement analogue, et que bientôt par ses efforts, de nouveaux renseignements précis viennent compléter notre premier travail à l'exposé duquel, je vous remercie, Messieurs, d'avoir prêté une aussi bienveillante attention.

M. Ferdinand Gaillard, de Brignais (Rhône), renonçant à son tour de parole, M. le président la donne à *M. Laliman*, de Bordeaux, qui fait la communication suivante :

CONFÉRENCE DE M. LALIMAN

Si en prenant la parole j'ai un but, c'est celui de démontrer que parfois les minorités écrasées sous la force brutale du nombre, ont quelquefois raison.

En 1869 j'étais le seul de mon opinion, lorsque j'annonçais que par certaines vignes américaines nous sauverions la vigne française.

Aujourd'hui, grâce aux Languedociens et aux Lyonnais, les partisans de ce que j'oserais appeller mon école sont nombreux, et le monde viticole a, n'en doutons plus, l'œil ouvert sur nous.

C'est pourquoi j'espère qu'il sera permis au vétéran de cette école, qui n'a pu obtenir son tour de parole, de pouvoir déposer dans le compte-rendu de vos séances ses idées, qui selon lui, doivent faire sortir du chaos, les inconnus qui comme l'ivraie, déparent le froment que nous avons ensemble récolté.

Pour l'instant je me bornerai à dire : oui, il y a quelques rares vignes américaines résistantes ; mais faire une mode de certains cépages ; qui, hélas n'ont que trop prouvé leur tempérament scrofuleux, faire un caprice avec ces sortes de gandins qui ont la jaunisse, ou qui perdent leur chevelure en pleine jeunesse ; à qui, en un mot, il faut une adaptation de sol, et du fer ; est-ce bien la peine d'avoir recours à ces auxiliaires efféminés ?

Non-seulement il y a en France des millions de concords, qui sont morts, mais il y a aussi en Amérique la même mortalité qui fait disparaître dans certains états nouvellement envahis la plupart des dieux que nous encensions hier.

Sachons donc mettre tout amour-propre de côté, reconnaître et confesser nos erreurs ; et nous rappeler que les cépages, qu'appuyé sur la pratique, je recommandais au congrès de Beaune en 1869, sont toujours les hercules ; qu'ils ont aujourd'hui 15 ans de luttes victorieuses contre le Phylloxera, et qu'ils sont très peu nombreux vous le savez.

Si nous devons étudier certains autres cépages, gardons-nous bien de les conseiller comme moyen de salut. L'histoire du Scupernong, celle de certains Riparias, de certains Labruscas, et même de certains Æstivalis, plaide en faveur de ma thèse : faisons donc en sorte, de ne pas recommencer une nouvelle école, sinon la question des vignes américaines qui nous est si chère, recevrait son coup de grâce, et ne serait plus considérée que comme boîte à surprise et à double fond, ce qui serait aussi fâcheux pour nous, que lamentable pour les vignerons, que nous aurions par notre silence ou notre tolérance, précipités dans la déception et la ruine.

A la suite de cette communication, *M. Planchon* dit que M. Laliman avait apporté du Taylor et du Clinton en 1869 à Beaune et qu'il les citait alors comme exemple de plants résistants (1) ; il ajoute que c'est à M. G. Bazille que revient l'honneur d'avoir parlé le premier à ce congrès des vignes résistantes comme porte-greffes de nos cépages.

M. Laliman répond qu'il ne porta au congrès de Beaune que des Jacquez, Yorck, Cordifolia, Gaston Bazille, Solonis et Vialla, et qu'il désignait alors ces trois derniers cépages sous le nom générique « *d'espèces de Clinton.* »

M. Laliman ayant avancé que certaines vignes américaines disparaissent en Amérique, *M. Meissner* demande à ce qu'il indique les noms de ceux qui en ont perdu sous l'influence du phylloxera, ne croyant pas que l'insecte peut être mis en cause dans le dépérissement des vignes indigènes aux Etats-Unis.

M. Laliman cite M. Anderdonk au Texas et M. le Dr Fuquet dans l'Ohio, comme ayant signalé le cas dont il a parlé.

La séance est levée.

---

(1) Dans une brochure récente M. Laliman cite lui-même un passage d'un article de M. Joigneaux dans le journal « *La Gironde,* » article dans lequel l'auteur, présent au congrès de Beaune, cite expressément le Clinton et le Taylor comme ayant été présentés par M. Laliman. Comme les plants américains étaient alors inconnus à la plupart des viticulteurs, où M. Joigneaux avait-il pris l'idée de citer ces noms si M. Laliman ne les avait prononcés ?

Mardi 14 septembre 1880

DEUXIÈME SÉANCE

Prennent place au bureau M. Bender, président; MM. Trénel, vice-président, Barral, secrétaire perpétuel de la Société nationale d'agriculture, Drs Chavannes et Guyot, députés du Rhône.

MM. Pulliat et Bréheret, remplissent les fonctions de secrétaires.

M. Hortolès, de Montpellier, fait observer que M. Laliman a déclaré au congrès qu'il ne comprendrait pas pourquoi les viticulteurs se lanceraient dans des variétés nouvelles, lorsqu'il y en avait d'autres qui résistaient depuis vingt ans et, à ce propos, l'orateur désirerait qu'un savant et praticien comme M. le Dr Despetis, qui doit prendre la parole, donnât des renseignements précis sur le Solonis, l'York, le Vialla et le Riparia, sur ce dernier surtout qui présente beaucoup de formes et qui a dépéri chez M. Reich, à cause de la présence du sel, lorsque des Solonis sont très-beaux à la même place, et dont M. Robin n'a pas non plus fait l'éloge, lorsque lui-même a vu des pieds assez médiocres chez Mme Fabre, MM. de Turenne et Bouscaren, aux environs de Montpellier.

La parole est à *M. le Dr Despetis*, délégué du comice agricole de Béziers, qui fait la communication suivante :

CONFÉRENCE DE M. DESPETIS

Messieurs,

J'espérais pouvoir traiter devant vous trois des points les plus importants de la question des vignes américaines. Ces points sont les suivants :

1° Résistance et adaptation envisagées au point de vue pratique.

2° Des porte-greffes en général et des riparias en particulier

3° De la greffe sur plant jeune; greffe anglaise sur la table à la machine, et réglementation de la greffe en fente simple sur plant d'un an en place.

Mais le court espace de temps que le grand nombre de communications laisse à chaque orateur, m'oblige à ne traiter avec les détails nécessaires que la première question. Je serai donc aussi bref que possible, tout en tâchant de répondre au passage à la demande de renseignements que vient de m'adresser M. Hortolès, et à laquelle ma deuxième communication projetée devait répondre d'une façon complète. Ceci posé, j'entre de suite en matière en supprimant tout détail d'une importance secondaire.

La résistance, au moins relative des vignes américaines ne se discute plus : de tous les faits qui servent à la démontrer, je ne veux en retenir qu'un seul, c'est celui de l'origine américaine du phylloxera ; inutile d'insister sur les faits de tout ordre qui la prouvent directement.

Elle est démontrée d'une façon pratique par les échecs mille fois répétés des tentatives de la culture de nos vignes européennes sur tout le versant oriental des Cordillères ; M. Collot en trouvant le phylloxera dans les forêts vierges de Panama est venu apporter une preuve de plus, mais il manquait encore un chaînon. Nous sommes peu au courant de la flore et de la faune de l'Amérique du Sud, et on pouvait se demander si le golfe du Mexique marquait au Sud les limites de l'habitat de l'insecte. Aujourd'hui la chaîne est complète, il ressort en effet d'une communication récente sur l'agriculture du Brésil que dans la province de Minos-Geraes, province du Nord, et, qui touche de près aux forêts vierges qui couvrent les premiers contreforts des Andes, tandis que les vignes indigènes sont exubérantes de végétation et couvertes de fruits, les essais de culture de la vigne européenne n'ont jamais donné que des insuccès, ces vignes mourant toutes au bout de quelques années. La similitude des résultats doit être évidemment attribuée à la similitude des causes, c'est la répétition exacte de ce qui se passe aux États-Unis depuis deux siècles et ces insuccès répétés sont évidemment dûs à la présence de l'insecte.

Si le phylloxera, comme tout permet de l'affirmer, a existé de tout temps en Amérique, il faut qu'il y ait des vignes américaines résistantes, sans quoi le dernier phylloxera serait mort de faim depuis bien des siècles sur le tronc désséché de la dernière vigne.

Pour moi, la généralité des vignes américaines résiste au phylloxera : les quelques inégalités citées dans les ouvrages américains qui traitent de la viticulture aux États-Unis, prouvent jusqu'à l'évidence qu'il a suffi souvent d'une circonstance insignifiante pour relever des vignes atteintes qui étaient en voie de dépérissement. M Meissner vous a dit le peu d'importance qu'on attache au phylloxera en Amérique, et les faits nombreux déjà observés en France permettent d'affirmer que toutes les vignes d'origine *purement américaine* sont susceptibles de résister ; je ne connais pas en effet de variété de ces vignes dont je n'aie vu quelque spécimen splendide de vigueur à côté de vignes françaises détruites ou mourantes, toutes peuvent donc lutter victorieusement.

Il y a cependant de vrais insuccès dans les plantations de vignes américaines et nous allons en rechercher la cause exacte ; c'est là le but de cette communication.

Quand on tente le transport d'un végétal quelconque de son habitat naturel dans une autre région, on se trouve en présence d'un problème excessivement complexe, dont le résultat, si la solution est favorable, est l'acclimatement du végétal, c'est-à-dire la possibilité pour la plante de se développer, de fructifier et de se reproduire, comme si elle n'avait jamais quitté son milieu d'origine.

Je n'aborderai pas ici l'étude de toutes les influences qui peuvent seulement gêner, ou même s'opposer entièrement au but que l'on désire atteindre, la chose m'entraînerait en effet trop loin, il me suffira d'en énumérer quelques-unes pour vous faire toucher du doigt, que dans la question des vignes américaines on n'a au début à peu près tenu compte d'aucune de ces pierres d'achoppement qui pouvaient se présenter. Rien que dans les conditions climatériques seules, il faut tenir compte de la lumière, de la température tant au point de vue de ses extrêmes qu'au point de vue de la température moyenne et de la quantité de chaleur produite dans une période donnée, de l'humidité de l'air, de la fréquence ou de la rareté des pluies, de l'exposition, de l'altitude, etc, etc. En un mot, de tout un ensemble de circonstances dont les combinaisons peuvent se multiplier à l'infini et amener par conséquent à leur suite des résultats d'une variabilité extrême.

Mais ce n'est pas tout, et il y a encore d'autres conditions d'une importance encore plus grande et dont on n'a pas plus tenu compte que des premières. Le végétal fixé au sol par ses racines et ne pouvant aller lui-même à la recherche de sa nourriture, doit la trouver toute préparée et à sa portée dans le sol nouveau où on le place.

Ce point de la question est d'une importance primordiale, de lui en effet dépend pour la plus grande partie la possibilité de l'acclimatement; c'est là ce qu'on a désigné sous le nom d'adaptation et cette question a bientôt paru d'une importance telle qu'elle a presque absorbé toutes les autres, et que c'est à son éclaircissement que tendent à peu près tous les derniers travaux parus sur les vignes américaines, et dont quelques-uns vous ont été communiqués dans les séances d'hier et de ce matin.

Il a été fait, en effet, quelques pas vers la solution scientifique de la question. Ainsi la silice et le fer, parmi les éléments de nos sols arables, sont ceux qui paraissent exercer sur la végétation des vignes américaines l'influence la plus favorable. La silice ne me paraît agir que physiquement et comme un des facteurs les plus utiles au maintien de la fraîcheur des terres, fraîcheur que nous verrons tout à l'heure être indispensable à certaines variétés. Le fer, auquel pour la plupart des végétaux connus on s'accorde à n'accorder qu'une sorte de pouvoir excitant de la nutrition, me paraît au contraire, exercer sur les vignes américaines une influence plus marquée, sa présence est presque indispensable, il semble jouer un rôle plus important, et constituer en quelque sorte un véritable aliment.

Cette question de l'adaptation a donc une grande importance et je suis loin de la méconnaître, mais je suis forcé de reconnaître, qu'envisagé de cette façon, elle présente de bien grandes difficultés pour la masse de nos viticulteurs fort peu préparés pour la plupart par leurs études antérieures aux recherches scientifiques qui au premier abord paraissent indispensables pour la solution. Elle ne constitue d'ailleurs qu'une des parties du problème à résoudre, et il me semble qu'on a peut-être un peu exagéré son importance au point de vue strictement pratique. Je crois en un mot que le viticulteur désireux d'entreprendre la culture des vignes américaines ne doit pas trop se laisser effrayer par cette sorte d'épée de Damoclès, et j'espère vous le démontrer par la suite de cette étude.

Si la composition chimique du sol a son importance, et nous venons de voir que c'est elle qui rend l'acclimatement plus ou moins difficile à obtenir, la constitution physique du sol, sa perméabilité aux racines et surtout son état de fraîcheur ont une influence non moins forte, et qui dans certains cas, prend souvent la première place. Je ne fais que signaler ici cette influence, j'y reviendrai tout à l'heure et son étude nous donnera peut être l'explication de bien des faits de tenue médiocre de certaines vignes américaines, faits controversés et encore inexpliqués jusqu'à aujourd'hui.

Dans un autre ordre d'idées, mais toujours au point de vue de l'étude des circonstances qui peuvent gêner l'acclimatement d'un végétal quelconque, il y a lieu de tenir compte des ennemis des plantes, principalement de ceux qui appartiennent à la classe si nombreuse des insectes; soit que ces ennemis indigènes dans le climat où on veut tenter l'introduction de la plante, trouvant en elle des éléments de nutrition plus favorables, se mettent à l'attaquer au point de rendre dans certains cas la culture fort difficile sinon impossible, soit qu'indigènes aussi dans la région dont la plante est originaire et introduits avec elle, ils trouvent dans ce milieu nouveau des conditions de multiplication éminemment favorables et puissent gêner alors le développement d'un végétal qui ne souffrait que peu ou pas du tout de leurs attaques dans son milieu d'origine; ceci m'amène tout naturellement à examiner quelle peut être l'influence du phylloxera sur les vignes américaines plantées en France, c'est-à-dire à l'étude de leur résistance réelle.

On ne tarda pas à s'apercevoir dès le début des plantations des vignes américaines que, du moins pour certaines variétés, les racines se comportaient sous l'influence des piqûres phylloxériques d'une façon toute autre que les racines des vignes européennes ; il devenait alors logique de rechercher dans la constitution propre de ces racines la cause réelle de cette différence dans le mode de réaction, et de tous côtés des expériences furent tentées dans ce but. M. Foëx que vous avez entendu hier prouva par des expériences d'une exactitude irréprochable, que les racines des vignes américaines se lignifiaient avec une grande rapidité, que leurs tissus étaient plus denses, plus serrés que ceux des racines des vinifira que les échanges intercellulaires étaient plus difficiles plus lents à se produire et attribua à cette lignification rapide des racines et à cette densité de leurs tissus la cause première de la faculté de résistance.

D'autres observateurs partis d'une idée première différente, arrivèrent à des conclusions naturellement différentes des siennes et crurent devoir attribuer une influence prépondérante à d'autres propriétés de ces mêmes racines. Ce n'est pas ici le lieu de se livrer à une discussion approfondie de ces opinions et des observations sur lesquelles elles reposent, il nous suffit de constater et *de bien retenir* que, quelque soit le point de vue auquel on se place, quelle que soit la théorie que l'on adopte, il y a, sinon uniformité absolue, du moins une grande conformité dans les listes de cépages résistants classés par ordre de mérite.

Il est donc juste de supposer que les cépages qui, d'après toutes ces théories et ces expériences diverses sont toujours cités comme devant être les plus résistants, ont de grandes chances d'être bien réellement ceux qui présentent le plus de garanties sous ce rapport.

Ces résultats ont une grande importance. Ils prouvent que la résistance est inhérente, au moins dans une certaine proportion à la constitution propre de la plante; or on sait que cette constitution ne peut varier.

Pour moi, après avoir rejeté une partie de ces expériences, les avoir contrôlées sur le terrain, j'ai été amené à une manière de voir un peu différente.

Je crois, d'accord en cela avec M. Foëx, que c'est à la lignification excessivement rapide de leurs racines que les cépages américains doivent, pour la plus grande part, cette faculté si précieuse; mais je crois que ce n'est pas tout. Je crois que cette lignification rapide est le principal facteur de la résistance, mais qu'il n'est pas le seul; pour moi ces causes sont multiples. La résistance est le produit complexe de plusieurs facteurs susceptibles de varier en nombre ou en importance, en un mot chaque vigne américaine a sa façon propre de résister au phylloxera.

Voyons maintenant l'état dans lequel nous trouvons ces racines, quand nous les examinons en terrain manifestement et anciennement phylloxéré; c'est-à-dire demandons aux faits pratiques s'ils viennent à réellement confirmer ce que les études scientifiques permettent d'avancer *à priori*. Un grand point se dégage dès les premiers examens *et on ne saurait trop insister sur son importance*. C'est que, tandis que sur certaines vignes américaines on trouve des phylloxeras en grande quantité, et des pondeuses volumineuses entourées de colonies nombreuses, tandis que sur ces mêmes variétés les nodosités des radicelles sont innombrables et pourrissent rapidement et que sur les grosses racines on constate des tubérosités nombreuses, presque confluantes avec des lésions pénétrant souvent dans l'intérieur des rayons médullaires; par contre, sur d'autres variétés, le nombre d'insectes est relativement restreint, sur quelques-unes même on n'en trouve que par hasard et toujours ou presque toujours à l'état isolé. Les insectes sont de petite dimension, on les dirait maigres et mal nourris, et les colonies autour des pondeuses sont toujours composées d'un très petit nombre de phylloxeras. Ces faits seuls, permettraient d'affirmer que l'insecte trouve là des conditions de nutrition insuffisantes et de nature à gêner considérablement sa puissance effroyable de multiplication, mais il y a encore autre chose de plus rassurant : sur ces mêmes variétés les nodosités sont toujours petites et très rares, la pourriture ne les envahit que très lentement, le cylindre ligneux central est toujours ou presque toujours intact et la nodosité se dessèche et tombe en laissant à la racine toute sa vitalité. Les tubérosités sur les grosses racines sont encore plus rares, manquent même à peu près complètement sur certaines variétés, et les lésions sont dans tous les cas toujours superficielles, de peu d'importance et suivies d'une guérison assez rapide par suite du dessèchement et de la chute de la tubérosité au-dessous de laquelle on trouve une écorce saine de nouvelle formation.

On peut donc diviser les vignes américaines en deux grandes classes qu'on peut désigner ainsi : *vignes faisant et vignes ne faisant pas de phylloxera*, Cette façon de les désigner est impropre et entièrement inexacte au point de vue scientifique, la vigne, en effet, ne fait pas de phylloxera et le reçoit toujours du dehors ; je la retiens cependant et je m'en sers quand même, parce qu'elle me rend par une phrase rapide et claire ce qui parait réellement se passer dans la pratique.

On peut, en étudiant les divers ordres de faits que je viens de signaler soit séparément soit d'une façon connexe, établir comme une échelle de résistance des vignes américaines et on constate alors, que si cette échelle n'est pas entièrement conforme à celle que l'on peut établir en se basant sur les recherches scientifiques seules, ce n'en sont pas moins les variétés dont les racines sont les plus dures, ont les tissus les plus denses et présentent les signes de la lignification la plus rapide, qui forment la séries des vignes que j'ai désignées comme ne faisant pas de phylloxera et ce sont justement les légères différences que présentent les deux listes, qui m'ont surtout conduit à admettre que chaque variété de vigne américaine avait son mode de résistance spéciale et particulière : mais il ne faut point cependant perdre de vue qu'entre les espèces qui font du phylloxera et celles qui n'en font pas, il existe, surtout au point de vue pratique, une vaste lacune, *et que, sous le rapport de la résistance, la plus mauvaise de celles qui ne font pas d'insectes est encore infiniment supérieure à la meilleure de celles qui en font.*

Il nous reste maintenant à étudier à la fois l'adaptation et la résistance dans leurs rapports réciproques, à voir en un mot les modifications que toutes les influences que nous venons d'étudier peuvent apporter à la végétation des vignes américaines et à en dégager, si faire se peut, des conclusions pratiques, les seules qui importent réellement à la masse des agriculteurs.

Or, que voyons-nous quand nous étudions à ce point de vue un grand nombre de plantations de vignes américaines d'un certain âge, en puissance incontestable de phylloxera démontrée par la mort, soit des anciennes vignes françaises voisines, soit des nouvelles plantées comme témoins. Nous nous trouvons en présence de trois états bien différents :

Dans une première série de faits, toutes ou presque toutes les vignes américaines sont atteintes de chlorose avec rabougrissement et meurent en peu d'années. Les pousses et les feuilles sont jaunes, les feuilles se dessèchent et tombent bientôt, les sarments sont minces, d'une consistance mollasse analogue à celle du caoutchouc, et aoûtent mal ou n'aoûtent pas du tout. Les bourgeons axillaires émettent toute une série de petites feuilles jaunes qui se dessèchent à leur tour; la vigne se rabougrit, végète misérablement et meurt rapidement. Cet état est bien dû comme je l'ai affirmé dès 78, à une nutrition insuffisante, à une mauvaise adaptation, et c'est bien là la seule cause du mal. Transportez en effet ces vignes malades dans un terrain mieux approprié à leurs besoins, et toujours vous les voyez revenir à la santé dans le cours de la première année qui suit cette opération. C'est une expérience que j'ai répétée plusieurs fois et toujours avec des résultats identiques ; cette maladie se produit d'ailleurs avec ou sans phylloxera sur les racines, et ces deux ordres de faits prouvent bien que si le phylloxera exerce une influence quelconque, ce ne peut être qu'une influence secondaire puisqu'elle cesse d'agir par transplantation dans un autre terrain.

Le phylloxera peut bien dans ce cas contribuer à accélérer la mort de la vigne ; mais avec ou sans phylloxera elle serait morte tout de même, et fort rapidement.

Dans ces circonstances, on trouve cependant sur les variétés qui ne font pas de phylloxera plus d'insectes qu'elles n'en portent habituellement, des nodosités plus volumineuses et des lésions plus sérieuses que celles que l'on peut considérer comme normales; mais ce fait s'explique parfaitement; les racines participent en effet à cet état de ramollissement spécial que j'ai décrit pour le système aérien. Elles sont molles, plus charnues, moins dures; la sève mal élaborée qu'elles reçoivent ne leur permet pas de se lignifier avec autant de rapidité, et l'insecte a le temps de se loger dessus.

C'est d'ailleurs un fait général dans la nature que cette préférence des parasites pour les individus affaiblis. Cet état est donc entièrement le résultat d'une mauvaise adaptation des cépages; mais ici encore nous constatons des faits tout à l'avantage des variétés ne faisant pas de phylloxera. Ce sont, en effet celles sur lesquelles on le constate le moins souvent et je vous citerai le York's-Madeira que M. Gaston Bazille qualifiait, hier, de chevalier sans reproche, et pour lequel il n'a été signalé encore à ma connaissance que deux faits de cette nature: un qui m'est spécial dans une terre argilo-marneuse blanche, à sous sol crayeux, et un autre, je crois, dans la région des Charentes. Je ne connais pas de faits plus nombreux à mettre au passif du Solonis, un ou deux au plus; et pour les Riparias, ils ne se produisent guère non plus que sur les variétés que j'ai déjà signalées comme faibles et délicates. C'est évidemment à la rusticité plus grande de ces variétés d'élite qu'il faut attribuer le peu de fréquence de ces cas de mauvaise adaptation.

En deuxième lieu, nous nous trouvons en présence d'un ordre de faits bien différent; nous ne trouvons plus de chlorose, plus de dépérissement dans le sens propre du mot, mais tandis que certaines vignes américaines se montrent splendides de développement et poussent sans interruption depuis le printemps jusqu'aux premières gelées de novembre, on en voit d'autres qui, après des promesses de végétation brillante au début de la pousse, s'arrêtent tout d'un coup vers les premiers jours de juin, ne poussent plus, perdent leurs feuilles, et aoûtent leurs sarments de fort bonne heure. Mais je le répète, il n'y a pas de chlorose, pas de dépérissement dans le sens propre du mot, le tronc se développe peu, mais grossit cependant tous les ans; la période active de la végétation paraît seulement réduite à quelques mois au lieu de s'effectuer pendant les 7 ou 8 qui forment sa durée normale.

Ces faits se constatent surtout dans les régions à périodes estivales sans pluies et dans les terres compactes et craignant la sécheresse. Quand le printemps est pluvieux, le moment d'arrêt de la végétation est reculé plus ou moins, suivant l'abondance des pluies et quand il pleut dans le courant de l'été, il n'est pas rare de voir la végétation déjà arrêtée, reprendre avec une certaine vigueur.

Ici l'influence de l'humidité paraît prépondérante; il n'en est pas cependant tout à fait ainsi. La sécheresse ne suffit pas toute seule à produire cet état. Il faut les deux influences combinées de la sécheresse et de l'insecte. *On ne le constate jamais, en effet, sur les variétés qui ne font pas de phylloxera*; les espèces de la deuxième catégorie le présentent seules et seulement en terrain sec et phylloxéré. Il est donc impossible de nier ici l'influence du phylloxera, l'examen des racines en donne d'ailleurs des preuves suffisantes. A partir du mois de juin, dans les années sèches et dans ces conditions de terrain, le Chevelu est presque entièrement détruit sur les variétés à phylloxera : les grosses racines sont presque saines. La vigne, ainsi qu'il résulte de l'intéressant mémoire de mon excellent ami et confrère M. le Dr Coste, dont il nous a été donné lecture dans une des précédentes séances, peut bien se soutenir par l'humidité absorbée par endosmose au moyen de ses grosses racines, mais privée presque de la totalité de ses radicelles, c'est-à-dire de ses branches absorbantes, elle cesse de végéter.

Vers la fin de l'hiver, avant la reprise de la végétation, et pendant la période de repos hivernal de l'insecte, les grosses racines, émettent de nouvelles radicelles, et la vigne pourvue d'un nouveau système radiculaire reprend vigoureusement, l'insecte revient alors en avril et trouvant un système radiculaire jeune et mal constitué en a vite raison, d'où l'arrêt de la végétation dès que l'humidité du sol n'est plus suffisante pour solliciter l'émission de nouvelles radicelles par lesquelles la vigne pourrait continuer à absorber les matériaux nécessaires à son développement. Cet état je le répète, et *j'insiste dessus parce que son importance pratique est de premier ordre*, n'est jamais présenté par les variétés qui n'offrent pas d'habitude de grandes quantités de phylloxeras et qui doivent cette précieuse propriété comme nous l'avons vu à la constitution spéciale de leurs racines.

Enfin dans un troisième ordre de faits, nous trouvons toutes les vignes américaines sans exception dans un état de développement luxuriant et on peut dire alors réellement que dans ces conditions, elles résistent complètement. L'influence de l'insecte sur leur végétation est donc bien réellement et entièrement nulle.

Mais à l'examen des racines, les résultats sont bien différents : tandis que sur les vignes qui ne font pas de phylloxeras, ce n'est qu'après des recherches répétées qu'on arrive à trouver un ou deux insectes ou quelques nodosités isolées, sur les autres au contraire, celles qui font du phylloxera, on en trouve des quantités innombrables, autant et peut-être plus que sur les vignes françaises ; mais on constate alors que la racine de ces derniers est dans un état de travail incessant et qui se continue sans interruption jusqu'au moment où les premières gelées de novembre viennent interrompre la vie végétative de la plante. La pullulation radicellaire est on peu le dire énorme et les radicelles se reproduisent au moins aussi vite que le phylloxera peut les détruire. Mais en voyant cet incessant et fabuleux travail de Pénélope souterrain, on se demande comment les faits que j'ai signalés dans la seconde catégorie ne sont pas encore plus fréquents, toute cause de faiblesse ou de nature à détruire l'équilibre entre le système aérien et radiculaire de la plante doit les amener presque aussitôt et j'ai pu les produire expérimentalement et pour ainsi dire à volonté.

Il y a donc là deux modes de résistance bien distincts pour les vignes qui ne font pas de phylloxera. Elles résistent et résisteront toujours, parce qu'elles n'offrent à l'insecte qu'un milieu où ses facultés de destruction et de pullulation sont réduits à un minimum qui ne lui permet plus de nuire en rien au végétal, les autres paraissent, au contraire, ne résister que par suite de leur vigueur propre qui leur permet, *quand elles se trouvent dans des conditions favorables*, de réparer les désastres avant qu'ils n'aient eu le temps de se produire.

Il faut cependant accorder quelque chose à la constitution propre de leur système radiculaire, puisque les grosses racines sont rarement atteintes gravement et que l'insecte ne tue pas ces vignes même dans le deuxième état que j'ai décrit.

Avec le temps d'ailleurs et sur certaines de ces variétés *pas sur toutes*, on dirait et probablement sous l'influence de l'augmentation de dureté des tissus, que le phylloxera montre une certaine tendance à les attaquer moins fortement ; l'âge tend sous le rapport de la résistance à les rapprocher des variétés qui ne font pas de phylloxera.

Quoiqu'il en soit, à mon avis et au point de vue pratique, *elles doivent impitoyablement être mises de côté.*

Est-il maintenant possible de tirer de cet ensemble de faits que nous venons de passer successivement en revue, des conclusions pratiques au point de vue de la reconstitution des vignobles détruits? Je n'hésite pas à répondre affirmativement.

En effet, puisque nous nous trouvons en présence de vignes qui dans leur état normal de végétation ne présentent presque jamais l'insecte sur leurs racines;

Puisque la vigueur de ces variétés est au moins égale et souvent supérieure à celle des vignes de l'autre catégorie ;

Puisque pour ces mêmes vignes qui ne font pas de phylloxera les difficultés de l'adaptation semblent disparaître et paraissent dans tous les cas ne pas devoir être plus considérables que celles que nous présentaient nos anciennes vignes françaises ;

Puisque enfin ces vignes doivent leurs facultés précieuses de résistance à leur constitution propre, à leur essence même si on peut s'exprimer ainsi, et qu'on peut affirmer que c'est une propriété persistante;

L'agriculture qui se trouve obligée de reconstituer son vignoble doit s'adresser à ces variétés d'élite parce que seules elles lui pré-

sentent toutes les garanties de réussite et de durée qu'on doit rechercher quand on entreprend une œuvre aussi coûteuse.

Les autres espèces peuvent bien, dans de certaines conditions, donner ou avoir donné des succès, elles n'en doivent pas moins être repoussées d'une manière absolue parce que, comme l'a dit mon excellent ami M. Victor Gauzin, quand on peut employer de l'excellent, il ne faut pas choisir du médiocre.

Deux mots encore pour réponse à une objection que j'ai souvent entendu faire à l'emploi des vignes américaines, objection toute spécieuse et qui n'a qu'une valeur des plus modérées, bien qu'au premier abord, elle puisse paraître sérieuse aux personnes peu au courant de la question.

On nous dit : Les vignes américaines résistent en Amérique, c'est entendu ; nous admettons même qu'elles y résistent d'une manière absolue ; mais là elles se trouvent chez elles, dans leur milieu naturel, elles sont soumises à des procédés de culture ou de taille que l'expérience a démontré leur être éminemment favorables, ou bien pour les espèces sauvages rien ne les gêne dans l'expansion de leur fougueuse végétation. Or, que deviendra cette résistance quand, au changement de milieu, viendra se joindre un changement complet dans les modes de traitement qui leur seront appliqués ?

A ceci je pourrais répondre d'abord que la vigne européenne elle aussi est, si nous en jugeons d'après nos lambrusques, un être aussi expansif que la vigne américaine, et que les mutilations atroces auxquelles nous la soumettons tous les ans depuis des milliers d'années, n'ont nullement altéré sa constitution ; que d'ailleurs n'aurions-nous, pour faire du vin, que la ressource de traiter en France les vignes américaines comme on les traite en Amérique, nous nous y soumettrions parfaitement; nous le ferons très probablement d'ailleurs, rien que pour augmenter la quantité de leurs produits. Mais j'irai beaucoup plus loin, au point de vue théorique cette objection n'a aucune valeur, et au point de vue pratique, les faits se sont chargés de démontrer qu'elle n'en a pas davantage.

Au point de vue scientifique, il y a bien peu de chose à dire ; un végétal que l'on change de milieu s'acclimate ou ne s'acclimate pas ; s'il s'acclimate, il continue à vivre, à végéter, à fructifier et à se reproduire absolument comme il le faisait dans son climat d'origine, et admettre dans ces circonstances la possibilité d'un changement capable de modifier la constitution du végétal, ce serait tout simplement un comble de gros calibre ; s'il ne s'acclimate pas, sa culture devient impossible et peu importent alors les modifications de constitution qui rendent précisément cette culture et cette acclimatation impossibles. Or, en fait de vignes américaines, le doute n'est plus possible, *l'acclimatement n'est plus à faire, il est fait*. La masse des viticulteurs préfèrera peut-être à cette affirmation toute positive qu'elle soit, quelque chose de plus tangible, je vais le lui donner.

Parmi les vignes américaines, une des plus résistantes qui appartient justement à la catégorie de celles qui ne font pas de phylloxera, le chevalier sans reproche de M. Gaston Bazille, l'York's-Madeira se trouve justement en France chez le comte Odart depuis une quarantaine d'années au moins, M. Henri Marès en a quelques exemplaires dans ses cultures depuis 24 ans ; il existe chez le Dr Rey, dans le Lot, depuis 17 ans, et chez M. Laliman dans la Gironde, au moins depuis 18 ans. Dans la Touraine, dans l'Hérault, dans le Lot, dans la Gironde, il a été soumis depuis cette époque aux procédés de culture en usage dans ces régions ; ce cépage a-t-il vu diminuer d'une façon quelconque ses facultés de résistance ? a-t-on pu constater un changement quelconque dans sa constitution ? pas le moins du monde, il a toujours continué à végéter de la même façon dans les terres les plus maigres, ses racines sont toujours aussi fibreuses qu'au premier jour de sa culture en France, on y trouve toujours aussi peu de phylloxeras aujourd'hui qu'il y 14 ans, et ici pas moyen de se retrancher derrière un retrempage au pays d'origine, les milliers de pieds de ce cépage cultivés en France proviennent *tous sans exception*, des quelques pieds primitifs du comte Odart, et ont, par conséquent à leur passif, une cinquantaine d'années de ces procédés qui auraient déjà du modifier largement sa constitution si le fait n'était naturellement impossible.

Il ne nous est jamais arrivé, en effet, une seule bouture de York's des Etats-Unis où l'on a depuis plus de 30 ans abandonné la culture de ce cépage comme trop improductive et où le York's-Madeira n'existe peut-être qu'à l'état de pied isolé dans quelque collection à tel point que, si les Américains voulaient en reprendre la culture, c'est nous qui serions obligés de leur fournir des boutures.

Cette objection n'a donc aucune valeur et je n'y ai répondu un peu longuement que parce que de toutes les objections mises en avant contre les vignes américaines c'était la seule qui eut en apparence, *mais en apparence seulement*, quelque semblant de valeur, et qu'elle me paraissait de nature à effrayer peut-être pour l'avenir, quelques viticulteurs peu au courant des détails de la question des vignes américaines.

Il ne me reste plus maintenant qu'à vous dire quelques mots en particulier de chacune de ces vignes qui ne font pas de phylloxera ; j'estime en effet que sauf dans quelques cas exceptionnels on ne peut en recommander aucune d'une façon spéciale. La vigueur de végétation qu'elles montreront dans chaque nature de terrain devant surtout fixer le choix de l'agriculteur, auquel je conseillerai toujours de ne s'arrêter à l'une d'entre elles que lorsqu'il se sera assuré par des expériences préliminaires de celle qui vient le mieux chez lui. Ces variétés sont en effet toutes de simples porte-greffes qui n'ont qu'une ambition, conserver les vignes et les vins français en prêtant aux premières leurs racines à l'abri du puceron, et l'on sait quelle importance il faut accorder à la vigueur du sujet quand il s'agit de choisir un *porte-greffe*.

Parmi les vignes américaines qui ne font pas de phylloxera, celles qui jusqu'à présent m'ont toujours paru les plus réfractaires à l'insecte, sont les *Cordifolias vrais* aujourd'hui bien distincts des *Riparias*.

Je comptais les étudier avec un peu plus de détails dans ma seconde note projetée sur les porte-greffes. Le temps me presse, je n'en dirai que quelques mots : Ces variétés paraissent toutes assez difficiles à la reprise de bouture, et l'emploi de la greffe bouture à la machine paraît diminuer notablement cette difficulté de reprise. Ce sont des vignes d'introduction récente et encore à l'étude.

Après celle-ci viennent les *Riparias sauvages vrais* dont quelques formes ne présentent presque jamais d'insectes sur leurs racines. Quelques-unes ont une exubérance de végétation à peine croyable, toutes reprennent assez bien ou très-bien de boutures, elles constituent généralement de vigoureux porte-greffes, et quoique leur emploi doive être précédé d'un triage énergique dont la nécessité s'affirme de jour en jour, il est certain qu'une large place leur est réservée dans la reconstitution de nos vignobles disparus.

Dans ce groupe il faut faire une place à part au Solonis, dont les semis démontrent bien l'origine américaine C'est peut-être le meilleur de tous les porte-greffes et quoiqu'on trouve sur ses racines un peu plus fréquemment des phylloxeras que sur certaines autres formes de la famille des Riparias, ses qualités lui réservent un rang élevé dans la série.

Je dois signaler chez cette vigne la production peut être plus fréquente que chez les autres vignes américaines, d'une bizarrerie de végétat'on dont je n'ai pu encore trouver l'explication : C'est le fait de pieds primitivement et originairement malades et chétifs, au milieu de centaines de pieds d'une végétation magnifique, on en trouve de temps en temps quelques uns, un ou deux par exemple, qui ne veulent passe développer et restent chétifs. J'ai pu dans certains cas remonter à la cause et l'attribuer à une gêne, une souffrance quelconque dans la végétation de la première année de la plantation. J'ai cru devoir signaler ces cas. d'ailleurs assez peu nombreux parce qu'ils ont été presque toujours le point de départ des critiques qui ont été adressées à cette excellente vigne.

Dans une autre famille nous devons signaler le York's-Madeira, dont j'ai prononcé le nom plusieurs fois déjà ; c'est une vigne des plus rustiques, et des plus réfractaires à l'insecte, sa bonne tenue dans les terres maigres, sa résistance à la sécheresse, et son développement plus modéré que celui des autres vignes américaines en feront un porte-greffe précieux, surtout pour les régions où on cultive des vignes à végétation moins exubérante que celle de certaines de nos vignes de l'Hérault. Il nourrit d'ailleurs les dernières d'une façon fort convenable comme on peut en juger par les greffes de Carignane sur York's du Mas de la Sorres. Le York's est certainement un hybride sur l'origine et les parents duquel nous n'avons aucun renseignement. Ce qu'il y a toutefois de certain et au point de vue pratique, c'est là l'important, c'est qu'il ne porte que rarement du phylloxera et toujours en petites quantités.

Après les vignes dont je viens de parler, et qui constituent ce qu'on peut appeler les vignes d'élite, nous devons signaler quoiqu'elles montrent un peu plus d'aptitude à recevoir l'insecte, le Vialla et presque toutes les vignes de son groupe, groupe dont j'ai, au congrès de Nîmes, signalé l'existence sous le nom de groupe intermédiaire et que M. Planchon a désigné depuis avec juste raison sous le nom de groupe des Semi Labrusca. Ils présentent en effet des signes incontestables d'hybridation Labruscoïde par leurs vrilles qui ne sont presque jamais régulièrement intermittentes.

Quelques-unes des formes du groupe n'ont pas plus de phylloxera que le York's, entr'autres le Gaston Bazille ou Pedroni. Le Vialla, quoiqu'on trouve, assez habituellement des insectes sur ses racines, n'en porte jamais de grandes quantités. C'est une vigne rustique, très vigoureuse, qui ne craint pas les terres médiocrement riches, et qui constitue un vigoureux porte-greffe. Elle reprend facilement de bouture.

Enfin et toujours dans la catégorie des vignes qui présentent peu de phylloxeras, il me reste à vous dire quelques mots d'une vigne ou plutôt d'un groupe de vignes d'introduction récente dont les différentes formes sont excessivement voisines et ne diffèrent que par des nuances. Elle se reproduit d'une façon fort remarquable par le semis, ce qui prouve bien que c'est un type spécial, je veux parler du Vitis rupestris.

Reprise facile, végétation remarquable, pied grossissant fort vite, recevant bien la greffe, n'offrant quand elle en porte que des nodosités superficielles, des lésions de peu d'importance; c'est une vigne qui paraît devoir nous rendre quelques services, d'après les quelques essais faits jusqu'à ce jour. Elle sera probablement une ressource précieuse pour les coteaux pierreux et les vignes en terrasse.

Il y aurait encore certainement beaucoup de choses à dire sur cette importante question que j'ai eu a peine le temps d'effleurer. J'espère cependant vous en avoir dit assez pour vous amener à penser comme moi, que la reconstitution des vignobles détruits, au moyen des vignes américaines est aujourd'hui parfaitement certaine et n'est plus, on peut le dire, qu'une question de temps.

M. Laliman déclare derechef que les vignes américaines meurent dans l'Ohio, et il remet à ce sujet sur le bureau une lettre écrite en anglais, ainsi qu'un journal de Montpellier (1875), qui contient un article dans lequel M. Lichtenstein parlait de la disparition du Concord en butte aux attaques du phylloxera.

M. Lichtenstein reconnaît qu'il s'était trompé sur la vraie cause de la mort de ce cépage, car il y a aujourd'hui dans le midi de magnifiques Concords, rares il est vrai, qui sont âgés de huit ans.

M. Planchon dit que si M. Laliman veut brûler ce qu'il a adoré, il demandera la parole pour lui répondre.

M. le Président, eu égard aux qualités des viticulteurs mis en cause, croit de son devoir de prier M. Laliman de s'expliquer.

M. Laliman lit un article publié en 1875 dans le *Messager du Midi*, de Montpellier, dans lequel il est dit qu'en Europe les Américains ont vanté les plants qu'ils avaient à leur disposition. Quant à lui, s'il ne nie pas qu'il ait pu recommander le Clinton parce qu'il n'est pas infaillible, il l'a cependant délaissé de bonne heure, et ce qui le prouve, c'est que M. Millardet a rapporté, d'après lui, en 1874, que ce cépage mourait dans sa propriété de la Touratte.

M. Laliman ajoute que M. Planchon a écrit lui-même que certaines vignes américaines mouraient aux Etats-Unis.

M. Planchon répond que les investigations de M. Riley, qui remontent à plus de dix années et les siennes qui datent de 1873, ont établi que la plupart des Labrusca étaient très sensibles au phylloxera, et que depuis, les observations de M. Foëx ont confirmé ce fait. Il en a soutenu la résistance relative, et s'il a vanté le Concord, c'est qu'il vient très bien en Amérique et qu'il y produit beaucoup. Aujourd'hui, la question de la vigne américaine est mieux connue qu'il y a dix ans, car on sait que la prospérité d'un cépage dépend de sa résistance propre et de son adaptation au sol.

Pour affirmer que les vignes exotiques mouraient aux Etats-Unis, M. Laliman n'a pas fourni d'une manière positive les preuves qu'il promettait. D'un autre côté, M. Onderdonk, qu'il a cité, est âgé et travaille un peu dans la solitude, tandis que M. Meissner a visité toute l'Amérique et qu'il ignore ce fait de dépérissement phylloxérique, de sorte que M. Planchon voudrait que, sans tenir compte de toutes les autres maladies de la vigne, on n'apportât pas de vagues assertions sur un tel sujet, mais bien le résultat d'une enquête sérieuse, faite auprès de gens qui connaissent la question.

Au Congrès de Beaune, M. Laliman a recommandé l'York, mais il a signalé la résistance du Clinton et du Taylor, et M. Planchon a vu ces deux cépages chez lui pendant longtemps.

D'autre part, M. Planchon s'étonne que M. Laliman veuille aujourd'hui établir une distinction absolument illusoire entre le phylloxera des racines et le phylloxera des feuilles (ou des galles) en appelant ce dernier Pemphigus, alors que, mieux inspiré jadis, il avait suggéré l'idée que les deux formes pourraient bien être des états d'une même espèce, chose que MM. Planchon et Lichtenstein ont démontré en faisant avec le phylloxera des galles le phylloxera des racines.

L'orateur déplore, en terminant, qu'on vienne comme à plaisir jeter le trouble dans les esprits.

M. le Président demande que cet incident, qui se base sur un cépage de peu de valeur, soit clos, car il serait regrettable que le Congrès ne pût entendre les viticulteurs qui sont encore inscrits pour prendre la parole.

L'ordre du jour étant repris, *M. Paul Douysset*, de Montpellier, entretient l'assemblée sur la culture des vignes américaines de production directe.

CONFÉRENCE DE M. DOUYSSET

M. Paul Douysset traite aussi la question de la résistance et celle de l'adaptation.

Pour lui, ces deux questions se confondent.

Il appelle vignes absolument résistantes celles qui, dans n'importe quel terrain, se comportent après l'invasion phylloxérique comme elles se comportaient avant, et vignes relativement résistantes celles qui ne se montrent indifférentes à la piqûre phylloxérique que dans certains terrains.

Les terrains dans lesquels prospèrent les vignes relativement résistantes ont deux caractères communs : ils sont frais et meubles. Mais si cette double condition est nécessaire, elle n'est pas toujours suffisante. Il y a effectivement des variétés qui semblent exiger, en outre, la présence de certains sels de fer.

Parmi les cépages absolument résistants, l'orateur cite le Jacquez, le Cunningham, le York's-Madeira, le Vialla, quatre ou cinq variétés du Riparia et le Mountain-Surret.

Parmi les variétés relativement résistantes, il cite le Solonis, le Taylor, le Clinton, et parmi celles de ces variétés qui ont besoin de sels de fer, le Concord et l'Herbemont.

L'orateur distingue deux modes de résistance de la vigne américaine.

Les vignes dites absolument résistantes se défendent contre le phylloxera par la rapidité avec laquelle le tissu cellulaire de la radicelle passe à l'état ligneux. Ces vignes doivent se comporter et se comportent, en effet, comme si elles étaient indemnes.

Les vignes dites relativement résistantes se défendent par la rapidité avec laquelle les racines réparent les ravages du phylloxera dans leur chevelu. Elles doivent être et elles sont en effet très sensibles à l'action de la sécheresse.

L'orateur ajoute que les cépages qui portent le moins de

phylloxeras sur leurs racines ne doivent pas être préférés systématiquement à d'autres qui en portent davantage. La résistance ne se mesure pas au nombre d'insectes. Qui soutiendrait, par exemple, que le Mountain-Surret, que l'orateur a gagné de semis, est préférable au Jacquez ?

Abordant ensuite la question de production, l'orateur estime qu'on a trop laissé dans l'ombre la fertilité de certains cépages américains. Il cite, à ce propos, les résultats qu'il a obtenus par la culture directe du Jacquez.

Les plantations qu'il possède à Saint-André-de-Jangonis (Hérault) comprennent 40,000 pieds, dont 4,000 de 4 feuilles, 10,000 de 3 feuilles, 8,000 de 2 feuilles et le reste d'une feuille.

Dans les vignes qui ont deux feuilles ou plus, la distance d'un pied à l'autre est, en tous sens, de 1m75, soit 3,250 pieds à l'hectare.

Ces vignes sont fort belles, les unes par la puissance de la végétation, les autres par la régularité de la reprise.

Les souches de 4 feuilles ont produit 19,500 kilog. de raisins, soit 4 kilog. 875 grammes chacune.

Ces 4 kilog. 875 grammes représentaient vingt raisins en moyenne.

C'est donc à raison de 3,250 pieds une production de 15,843 kilog. de raisins par hectare.

Il y a eu des souches dont la production a atteint 8 kilog. 550 grammes. Sur ces souches, les raisins du poids de 500 gr. étaient nombreux.

Les souches de 3 feuilles ont produit 12,500 kil. de raisins, soit 1,250 grammes chacune.

Le moût des souches de 4 feuilles marquait 16 degrés au pèse-moût, et celui des souches de 3 feuilles en marquait 14.

Les 32,000 kilog. de raisins ont fermenté ensemble pendant huit jours, et ils ont rendu ensemble 203 hectolitres de vin, dont 154 de vin de goutte et 49 de vin de pressoir; soit un tiers pour le marc et deux tiers pour le vin.

Le vin qui avait une robe magnifique contenait 12,9 0/0 d'alcool.

C'est donc, pour les souches de 4 feuilles, à raison de

15,843 kilog. de raisins, un rendement de 105 hectolitres par hectare.

L'orateur ajoute qu'il espère, avec le système de taille plus convenable, arriver à une production de 173 hectolitres par hectare.

Il pense que si, dans le centre de la France, la culture du Jacquez doit être peu rémunératrice, à cause du climat, les vignerons de ces contrées pourront obtenir avec les Norton's-Virginie, Cynthiana et Neosho des résultats aussi beaux que ceux qu'il a obtenus, dans le Midi, avec le Jacquez.

Il rappelle, en terminant, le cas de résistance de Roquemaure (Gard), qui n'a pas moins de seize ans d'existence, et qui est un gage sûr de la durée en France des vignes américaines.

M. Du Puy Montbrun, professeur d'agriculture du département du Tarn, dit que dans sa région on a lutté au moyen du sulfure de carbone : on a eu des succès et des mécomptes; toutefois il n'y a jusqu'à présent rien d'affirmatif relativement aux traitements insecticides.

M. Jaussan, vice-président du comice agricole de Béziers, prend la parole pour rectifier quelques affirmations un peu dures de M. Gaston Bazille à l'égard du sulfure de carbone, mais il fait remarquer auparavant que comme son honorable contradicteur est absent, il se tiendra sur beaucoup de réserve.

Selon M. Jaussan, M. Gaston Bazille a été entrainé malgré lui vers sa fâcheuse appréciation, car s'il y a eu échec dans les essais faits à Montpellier, c'est qu'on employait parfois jusqu'à 137 grammes de toxique par mètre carré, dose cinq à six fois trop forte. M. Gaston Bazille n'a pas tenu compte des progrès accomplis dans la pratique des traitements en grande culture, car les expériences de MM. Rohart et Alliès, de la Cie P. L. M. et de l'association viticole de Libourne ont prouvé qu'avec une dose de 25 grammes par mètre carré on tue le phylloxera sans nuire à la vigne.

Par rapport aux dangers que peut présenter le sulfure de carbone, M. Jaussan signale ce fait que depuis trois ans on en a employé plus de dix mille barils aux environs de Béziers et qu'il n'est pas survenu un seul accident.

Les frais de traitement étant de 150 fr. chez M. Nicolas, de 175 fr. chez M. Thiollière, ils ne s'élèvent qu'à 166 fr. chez M. Jaussan qui les décompose comme il suit :

250 kil. de sulfure à 40 fr.	100 fr.
2 hommes pendant 11 jours à 3 fr.	66
Total..........	166

A cette somme il faut ajouter 160 fr. à 180 fr. pour les frais ordinaires de la culture, et comme à Béziers on applique une fumure d'une valeur de 300 fr. tous les trois ans, c'est encore 100 fr. à compter en plus pour l'entretien du vignoble.

Quelquefois le travail devient difficile dans certaines terres et par suite le traitement ressort à un prix plus élevé. Dans ce cas, il est bon d'employer une équipe particulière pour faire préalablement les trous dans lesquels on injectera le sulfure de carbone.

Les plaines produisant abondamment des vins de 20 fr. l'hectolitre et les autres terrains donnant une moyenne de 30 hectolitres de vin à 30-35 fr. donnent toujours un revenu de 1000 fr. au moins, ce qui ne laisse pas que de constituer le viticulteur en bénéfice.

Si on plante une vigne française on a une récolte au bout de deux ans, tandis qu'il en faut près de cinq et une somme de 3000 fr. pour reconstituer un hectare avec la vigne américaine, de telle sorte que si on pouvait maintenir la vigne indigène pendant dix-huit ans on aurait l'avenir devant soi.

M. le Président donne la parole à *M. Comy*.

CONFÉRENCE DE M. COMY

Messieurs,

La greffe-bouture je veux dire bouture sur bouture, paraissait il n'y a que peu de temps une chose impraticable en grande culture. Aujourd'hui, ses bons services, quand elle est bien pratiquée, sont un fait acquis et elle devra prendre un rôle prépondérant dans les replantations. Permettez-moi de vous en faire remarquer les avantages. Je vous soumettrai en même temps quelques observations sur le meilleur mode d'opérer.

Vous mettez vos boutures greffées en pépinière et les buttez jusqu'au dernier bourgeon. L'année d'après en les arrachant vous examinez si la soudure et les racines sont dans de bonnes conditions et plantez alors à demeure comme autrefois vos racines. Vous avez soin de mettre le point greffé hors du sol et de laisser leur longueur aux racines américaines.

J'engage, d'après mes expériences personnelles, à ne planter cette greffe qu'en pépinière. Néanmoins j'ai eu cette année en grande culture 396 reprises sur 651. Je n'arrosai que le 15 juillet quand je jugeai la greffe parfaitement établie. Je regrette de ne pas l'avoir fait plutôt : la réussite eut été la même qu'en pépinière.

Je crois qu'il n'y a aucun inconvénient à arroser, à condition de ne pas arroser au pied, mais bien à une certaine distance de la souche. La greffe étant au niveau du sol, la rigole d'arrosage en contre-bas et éloignée, le contact de l'eau n'est plus à craindre. D'ailleurs, je vous parlerai tout à l'heure d'un mode de ligature qui remédie à ce danger, tout en procurant un autre avantage plus considérable. l'émission de racines françaises.

On peut mettre les greffes en grande culture si elles sont faites sur racines, ou mieux encore racinés sur racinés. Je m'explique sur ce dernier procédé qui m'a donné de bons résultats et que je crois devoir préconiser.

De deux plants racinés, l'un américain. l'autre français, vous supprimez la tête du premier, les racines du second et vous greffez les deux parties qui restent. Je n'ai manqué qu'une seule des greffes ainsi faites. Toutes les autres présentent une avance très marquée sur celles n'ayant reçu pour greffon qu'un sarment de l'année. Mais ce qui est le plus essentiel à considérer et marque l'avantage pratique du procédé, c'est le gain d'une année ; car dès la seconde feuille de la plantation à demeure, vous pouvez espérer une fort belle récolte. Dans la région du midi où se cultive l'Aramon nous devrons employer cette méthode.

Vous voyez parfaitement, Messieurs, qu'avec la greffe bouture plantée en grande culture toute soudée, les vignes seront d'une régularité parfaite. Plus de soucis, plus de frais de main-d'œuvre autres que ceux de la culture ordinaire ; tandis qu'en plantant comme autrefois vous attendez trois ans pour greffer, soit à la Pontoise, soit en fente, et 2 ans pour récolter. Ce n'est donc qu'à la cinquième année que vous avez un produit. Mais, me direz-vous, la seconde année je greffe à l'anglaise sur place, et j'aurai plus de chance de réussite, de plus beaux résultats. Mais vous avez alors l'inconvénient des greffes manquées, dont on a vu parfois, comme cette année, la proportion s'élever à 40, 50 et 60 0/0. Comment remplacerez-vous ce vide effrayant ? Par une bouture greffée et racinée mise au milieu de souches qui prendront leur 3e feuille ? Vous n'aurez jamais ainsi une vigne régulière. Bon nombre d'entre vous savent quelle végétation acquièrent les greffes à leur 3e feuille.

Je me suis servi du greffoir Berdaguer, outil simple et peu coûteux, et que l'on peut mettre dans les mains du premier ouvrier venu ; dans une demi-heure son apprentissage est fait. Par la division du travail, on fait huit à neuf cents greffes par jour. Voici la manière d'opérer : un ouvrier choisit sujet et greffons d'égale grosseur et les dépose sur la table devant la machine ; un second ouvrier fait les entailles ; enfin une femme assemble et ligature. A chaque repas, les boutures sont mises à l'eau et à l'abri de l'air, ordinairement dans un cellier, endroit le plus frais.

Le lendemain on peut planter. Si le temps contrarie, les greffes peuvent attendre 2 ou 3 jours. Si elles doivent rester plus longtemps, on fera bien d'employer l'excellent procédé indiqué par M. Gaillard, de Brignais, qui consiste à les stratifier dans le sable jusqu'au moment de la plantation.

Pour la plantation, il faut avoir soin, comme je l'ai déjà dit, de mettre le point greffé hors du sol et de butter jusqu'au dernier bourgeon, afin que le greffon ne se dessèche pas. Cela fait, des soins particuliers, comme vous le savez, sont encore exigés la première année. C'est d'abord l'extraction des gourmands ou rejets du sujet greffé, qui s'émettent au mois de mai. (Chose curieuse, ils pourrissent s'ils n'ont pas eu le temps de sortir de terre avant que la soudure soit opérée.) C'est ensuite la suppression des racines françaises, qui s'émettent principalement en juillet et août. Je ferai ici une observation importante, c'est que cette opération doit se faire le matin ou le soir, à l'abri des ardeurs solaires. On voit se flétrir pas mal de jeunes rameaux lorsqu'on néglige cette précaution.

J'arrive à un point important de la confection de notre greffe : la ligature. Beaucoup d'insuccès, dans ce genre de greffage, sont dus à ce que le lien était insuffisant, c'est-à-dire mauvais. Permettez-moi, Messieurs, malgré l'agréable appellation dont M. Champin, dans son style humouristique, a gratifié ceux qui partagent ma préférence, de vous recommander le lien en caoutchouc. Oui, Messieurs, en véritable CAOUTCHOUCOPHILE — pourvu que ce soit du côté du progrès, filons toujours — je vous le recommande chaudement. C'est un lien qui ne pourrit jamais, ni trop tôt, ni trop tard ; qui n'étrangle jamais en serrant ni trop ni trop peu. Son élasticité complaisante se prête aussi bien à laisser se développer la greffe qui lui est confiée qu'à la maintenir solide et à la préserver de tout accident. Il serre toutes les parties d'une manière égale et uniforme, ne maintenant ni ne lâchant l'une au profit ou au détriment de l'autre. J'ajoute, pour le malheur des *caoutchoucophobes*, qu'il est bon marché, d'un emploi prompt et facile. Par surcroît, il peut servir plusieurs années. Je vais essayer de décrire la manière de l'employer :

Vous ligaturez en spirale en faisant un chevalement au premier tour. Arrivé au dernier tour, vous passez le lien sur l'index ou, pour mieux dire, vous interposez l'index entre le lien et le bois, de manière que la dernière spire soit appliquée sur l'ongle. Continuant d'enrouler, vous passez alors l'extrémité du lien entre le doigt et le bois, ce qui permet, par un simple mouvement en arrière de la première phalange, d'engager le bout du caoutchouc sous la spire qui, en retombant, le retient solidement. Vous le voyez, rien de plus aisé. J'ai seulement à vous prescrire d'éviter tout autre chevalement que les deux indispensables au premier et dernier tour. Tout autre aurait pour résultat de réduire la longueur extensible.

Messieurs, je tiens à le dire, c'est à une conviction basée sur l'expérience que j'obéis, voulant répandre l'emploi de mon lien préféré. J'ai essayé la ficelle graissée et sulfatée, l'écorce de mûrier et l'écorce de tilleul ; j'ai essayé le tafia sulfaté aussi bien que naturel. Eh bien, je le déclare, au bout d'un mois ou un mois et demi il n'y a plus de lien. Me dira t-on qu'à ce moment aucune greffe n'a plus besoin d'être soutenue ? Je ne le crois pas.

Malgré tout le bien que je pense de cette ligature, je vais, Messieurs, en terminant, vous en proposer une autre. A l'expérience, elle s'est bien comportée, et c'est à elle que j'ai fait allusion en commençant. Je suis toujours ici *caoutchoucophile*. Il s'agit simplement de remplacer la bande dont nous venons de nous servir par un tube emprisonnant entièrement la greffe. Vous comprenez à première vue les avantages ainsi réalisés. Vous pouvez arroser ou laisser pleuvoir sans crainte de l'eau. Impossibilité à l'air, le grand ennemi de la greffe, de pénétrer dans la place. Enfin et surtout, plus de racines françaises. Ajouterai-je que l'argile si utile — sinon indispensable — avec tout autre lien, est ici complétement superflu ? Donc économie de temps et de main-d'œuvre. Le bout de tube nécessaire revient actuellement environ à un centime.

Messieurs, il doit vous paraître difficile de passer un tel vêtement à notre greffe ? Je suis heureux d'annoncer que cette difficulté est levée. M. Berdaguer, déjà heureux inventeur d'un greffoir apprécié, vient de construire dans cette ville même un *ligateur* qui rend cette opération des plus faciles. On se sert de l'instrument comme d'une baguette à élargir les doigts de gants.

Je ne puis citer en faveur du tube de caoutchouc qu'une expérience faite en petit ; toutefois, je la crois concluante, et mon intention, cet hiver, est de la réaliser en grand. J'ai dit les mérites du caoutchouc, je serais très heureux qu'on m'en prouvât les défauts.

M. le Président annonce qu'il a reçu beaucoup de demandes de communication ayant trait à la destruction du phylloxera. Il invite leurs auteurs à les transmettre à la Commission instituée à cet effet, conformément à l'avis qu'il avait donné dans la première séance du Congrès.

M. le Président donne lecture des vœux suivants, rédigés par les soins d'une Commission spéciale de la Société de Viticulture.

RÉSUMÉ

M. Bender, Président, prend la parole pour résumer les travaux du Congrès

Il remercie les savants conférenciers, les viticulteurs étrangers, ceux accourus des départements éloignés, et enfin les nombreux auditeurs; puis il donne lecture des vœux suivants et les soumet au vote de l Assemblée.

Voici ces vœux, au nombre de cinq, qui ont été adoptés l'un après l'autre à l'unanimité des assistants, votant par assis et levés.

VŒUX

1° Le Congrès international de Viticulture de Lyon, considérant que l'impossibilité de trouver des phylloxeras pendant l'arrêt de la végétation sur les boutures de vignes est un fait acquis et incontestable pour tous ceux qui connaissent les mœurs du phylloxera, émet le vœu que le Gouvernement supprime, dans le plus bref délai possible, les entraves qui s'opposent encore à la circulation des boutures de vignes américaines ou indigènes et à la reconstitution des vignobles français;

2° Considérant qu'il résulte des expériences scientifiques et pratiques, faites et communiquées au Congrès par M. le docteur Fatio, représentant de la Confédération suisse, que rien n'est plus facile que de désinfecter complétement et économiquement tous les végétaux, enracinés ou non, le

Congrès émet le vœu que la Convention de Berne soit révisée de manière à faciliter la circulation de tous les produits végétaux;

3° Considérant que les propriétés vignobles sont lourdement chargées d'impôts, et que, là où elles sont détruites par le phylloxera, elles perdent les deux tiers de leur revenu, émet le vœu que le prochain dégrèvement qui pourra être réalisé, grâce aux excédants de revenus sur les évaluations budgétaires, porte sur l'impôt foncier des propriétés rurales non bâties, et spécialement des terrains plantés en vignes atteintes ou détruites par le phylloxera;

4° Considérant que l'hiver exceptionnellement rigoureux de 1879-80 et les ravages du phylloxera ont détruit ou gravement endommagé les deux tiers des vignobles de la région, et que, sur beaucoup de points, la population vigneronne se trouve sans moyens d'existence, appuie chaudement auprès de M. le Ministre de l'Agriculture et du Commerce le vœu qui lui a été adressé par plus de 20,000 chefs de famille, représentant plus de 100,000 personnes, à l'effet d'obtenir du Gouvernement un secours, sans lequel rien n'empêchera l'émigration des vignerons de la région lyonnaise, ruinés par les ravages du phylloxera, rendus plus foudroyants encore par les gelées du dernier hiver;

5° Considérant que dans les régions où les vignobles sont détruits, il ne faut pas songer à replanter des cépages non résistants que l'on serait obligé de traiter par les insecticides, émet le vœu que le Gouvernement accorde aux vignes américaines, qui s'imposent dans les pays où la vigne indigène est détruite par le phylloxera, les faveurs accordées aux insecticides dans les régions récemment envahies.

Puis M. le Président analyse en quelques mots chaque Conférence, dont il cite les traits les plus saillants.

(Nous croyons inutile de reproduire ici ce résumé, qui ne serait que la répétition abrégée des discours que l'on vient de lire).

Arrivant à la visite qui a eu lieu le matin même, 14 septembre, avant la première séance, au champ d'expériences du Comité d'Études et de Vigilance du département du Rhône, à Saint-Germain-au-Mont-d'Or, M. Bender constate que près de deux cents personnes ont répondu à l'invitation faite à la seconde séance du 12 par M. le docteur Crolas, Vice-Président du Comité ; il dit que sa qualité de membre du même Comité l'oblige à être sobre d'éloges, mais que, comme Président du Congrès, il ne peut que constater les succès réels obtenus par M. le docteur Crolas dans ses traitements des vignes malades par le sulfure de carbone.

Ces vignes, dit M. Bender, sont dans un état très satisfaisant, surtout celles arrivées à la seconde année des traitements à faible dose.

Il faut aussi constater la bonne réussite des cépages américains plantés à côté des vignes sulfurées ; en un mot, les visiteurs n'ont eu qu'à se louer d'une excursion aussi intéressante, et, en leur nom à tous, M. le Président remercie M. le Dr Crolas, M. Chavanne, membre du Comité, délégué spécial à St-Germain, M. Nugues, jardinier en chef du champ d'expériences, enfin, et d'une façon toute spéciale, M. le Maire et les Membres de la Municipalité de St-Germain-au-Mont-d'Or, qui sont venus recevoir le matin les visiteurs à l'entrée du champ d'expériences, très joliment décoré pour la circonstance.

Conclusions

M. le Président termine par ces paroles chaleureusement applaudies :

« Nous pouvons dire sans orgueil, Messieurs, qu'un utile enseignement ressort de ce Congrès, puisque nous sommes arrivés à un résultat bien rare dans une pareille assemblée : c'est de pouvoir conclure et de prendre ces conclusions absolument à l'unanimité :

« 1° Tous les Viticulteurs reconnaissent que, tant que les vignes atteintes par le phylloxera ne sont pas arrivées à la troisième période, c'est-à-dire à la dernière de la maladie, il faut tâcher de les sauver et de les conserver à l'aide des seuls insecticides reconnus efficaces ; j'ai nommé les sulfo-carbonates, malheureusement d'un prix trop élevé, et d'un emploi difficile, vu la quantité d'eau indispensable à l'opération, et le sulfure de carbone, à petites doses de 20 à 25 grammes par mètre carré, suivant la méthode du chemin de fer Paris-Lyon-Méditerranée.

« Surtout ne vous contentez pas de traiter ainsi seulement la zone malade, mais traitez une zone beaucoup plus étendue, même la vigne toute entière. Employez le sulfure pendant l'hiver, surveillez bien l'opération, et donnez au sol, aussitôt après, une bonne fumure.

« 2° Si par malheur vos vignes sont détruites, ou trop malades pour être traitées, n'hésitez pas à avoir recours aux plants américains ; je parle de ceux résistants, et vous vous rappelez, Messieurs, que les Conférenciers que vous venez d'entendre ont été unanimes aussi sur ces points :

« C'est qu'il y a des vignes américaines résistantes au phylloxera ;

« C'est que, si certaines variétés, telles que le Jacquez, par exemple, peuvent être cultivées pour la production directe dans le Midi, on ne connaît pas encore de cépage résistant pouvant produire directement dans la région du centre et du nord de la France, c'est-à-dire au nord de Lyon, et notamment dans la vallée de la Saône où le Jacquez s'anthracnose et mûrit mal, ou pas du tout.

« Dans ces régions là, nous n'avons qu'une ressource, c'est pour conserver nos crûs renommés, de greffer nos cépages de pays sur une des six variétés qui ont été reconnues unanimement comme les meilleures, j'ai nommé :

« Solonis,
« Vialla,
« Elvira,
« Yorck's-Madeira,

« Oporto,

« Gaston Bazille

« Et les Riparias, s'ils sont bien sélectionnés.

« Pour faire face, sans de trop grandes dépenses, à ces plantations et greffages, vous devez par avance, dès aujourd'hui, planter une petite pépinière de pieds-mères destinés à vous fournir les sujets à greffer.

« Ici, permettez-moi, Messieurs, de répondre à une question qu'on me pose bien souvent et à une objection qui parait très spécieuse au premier abord.

« Mais, me dit-on, nous dit-on plutôt, c'est la ruine de nos vignerons, car les vignes américaines sont fort chères. Que coûte à planter un hectare de ces cépages ?

« Messieurs, je réponds tout à la fois à l'objection et à la question : évidemment les vignes américaines coûtent cher, et à 30 centimes le cep par exemple, un hectare qui en contient dix mille coûtera 3,000 francs d'achat de plants, sans compter les frais inhérents à toute culture ; mais si vous vous contentez d'acheter quelques pieds à mettre en pépinière pour y récolter vos sarments à planter et à greffer, deux ou trois ans après vous aurez plusieurs milliers de ceps qui ne vous coûteront rien ou presque rien.

« On peut donc dire que, pour celui qui possède une pépinière dans laquelle il peut puiser ses plants américains, un hectare à planter ne coûte, en réalité, que les frais de main d'œuvre.

« Voilà les conclusions que nous pouvons tirer de ce Congrès; mais il nous faut tous travailler et perfectionner ces premiers enseignements que viennent de nous donner nos savants conférenciers. Chaque jour doit amener un progrès. N'y a-t-il pas loin de la hache de silex et du bouclier de nos ancêtres aux fusils Gras et aux navires blindés ?

« Eh bien ! nous avons l'arme : les sulfo-carbonates et le sulfure de carbone, et le bouclier : les vignes résistantes ! C'est le premier jalon, il nous indique la route que nous avons à suivre.

« J'ai fini, Messieurs, et que mon dernier mot soit un encouragement. La France est frappée par un fléau terrible, tous nous craignons d'aboutir à une véritable ruine, reprenons courage, notre patrie s'est relevée de bien d'autres désastres, et à ce moment elle était seule! Que ne pouvons-nous espérer aujourd'hui que nous marchons à ce nouvel ennemi, non plus seuls, mais aidés et encouragés par toutes les nations qui nous ont envoyé ici leurs sympathiques et savants représentants? »

M. le Président termine son allocution en déclarant closes les séances du Congrès international de viticulture de Lyon.

1550. — Imprimerie A. Vaitenet et C°, Lyon, 14, rue Bellecordière, 14.

BIBLIOTHEQUE NATIONALE DE FRANCE
3 7531 05037293 8

www.ingramcontent.com/pod-product-compliance
Ingram Content Group UK Ltd.
Pitfield, Milton Keynes, MK11 3LW, UK
UKHW021046220726
13924UKWH00005B/2038